民間農法シリーズ

酢酸とアミノ酸で食味・収量アップ

玄米黒酢農法

池田 武 吉田陽介 養田武郎著

農文協

まえがき

玄米黒酢の実験を始めて、かれこれ八年目を迎える。当初、玄米黒酢を持ってこられたときには、内心どうなるか、本当に効果があるのだろうかと思っていた。その当時、農業高校出身の学生が、高校時代に酢の試験をしたことがあるから、私にやらせてくださいと名乗り出てくれて試験が始まった。試験をやりながらも、酢による殺菌作用が本当にいもち病に効果があるのだろうか、木酢などと同じように根の生長への効果はどうなんだろうか、正直なところ半信半疑であった。

数年試験を続けるなかで、イネの分げつが増えて、収量の高まることがわかってきた。これは素晴らしい。でも、いもち病には本当に効果があるのか、と思いながらさらに試験を重ねてきた。試験を始めて八年、酢ブームにも助けられて、本を書くまでになった。

この間、酢の効果についてはいろいろな議論があったが、二〇〇三年三月、農水省が食酢を重曹や天敵とともに「特定農薬（特定防除資材）」として指定するなど、酢の防除効果は広く認められるようになってきている。もっとも、数年前であれば「特定農薬」など化学農薬の一部であるかのような言い方でなく、もっといいイメージだったと思われるのだが……。

本を書く段階になって、試験データや農家の使用事例などいろいろな資料を収集・整理をしていくうちに、自分なりに納得がいくことが多くなってきて、玄米黒酢は本当に効きそうだという実感がしてきた。ただ、万能薬ではない。万能薬ではないけれど、玄米黒酢の効果はかなりに評価できる。

本書は、玄米黒酢の研究を共同ですすめてきた三人の共著であるが、一章は池田、二章は吉田、三、四章は養田が担当した。

この本を書くにあたり、農文協編集部、石山味噌醤油株式会社会長・石山謹治氏、その他玄米黒酢を実際に使っている方々のご協力を得た。ここに深く感謝するしだいである。

著者一同

目次

第2章　玄米黒酢を利用したイネ栽培

第4章 〈事例〉野菜や果樹、芝などでの玄米黒酢利用

第1章

玄米黒酢の効果とその仕組み

1、玄米黒酢の大きな効果

(1)「玄米仕込み」だから、この魅力

一般の酢（米酢）は、玄米を約九割搗精した精白米を仕込んで発酵させてつくる。精白米の成分はほとんどがデンプンである。これに対して、玄米黒酢は搗精せず玄米のまま仕込んでつくる。玄米の最外層の糊粉層（ヌカの部分）はデンプンを含まず、タンパク質・脂質などが豊富である。

図1－1　玄米黒酢はアミノ酸が多い

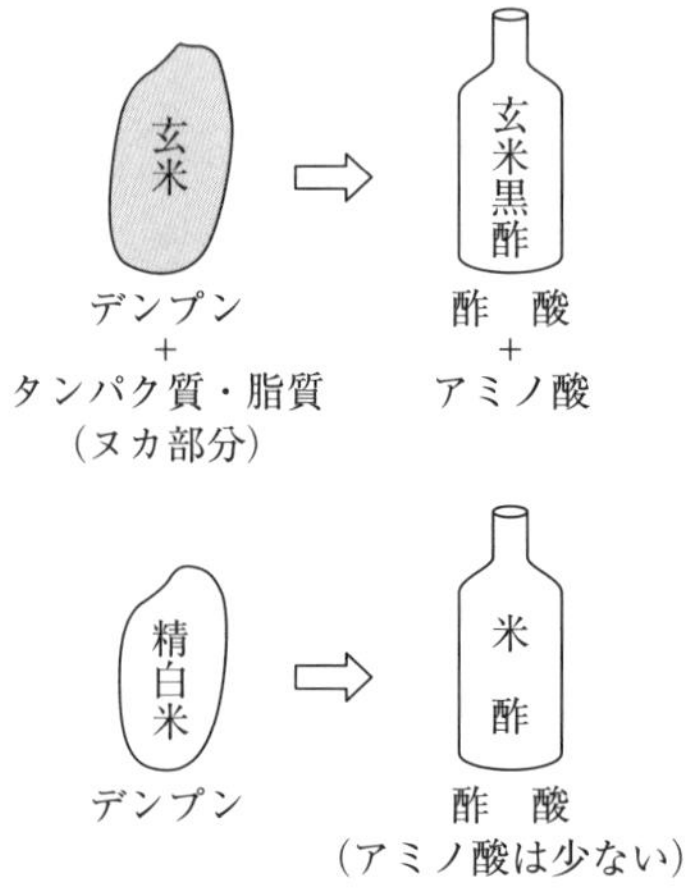

この精白米と玄米の違いが、酢の成分に次のような違いをもたらす。主成分である酢酸は、米酢も玄米酢もほぼ同程度であるが、アミノ酸は玄米酢のほうがたいへん豊富で、米酢の九～一〇倍も含まれる（含有量は26ページ参照）。

このように酢酸とアミノ酸の両者を含むことが、玄米酢の作物への効果を特徴づける。その最大の魅力は、①収量の増加と、②食味の向上という二つの

効果が同時に得られることである。

一般に窒素の施肥量を増やして収量を上げようとすると、食味が低下することが多い。また、窒素過剰だと病害虫にかかりやすくなる。このように、収量と食味、さらには健康度（病害虫抵抗力）は矛盾することが多い。ところが、玄米黒酢の効果はそれとは全く異なり、作物の総合的な活力向上、体質改善につながるのである。

図1－2　玄米黒酢の五つの効果

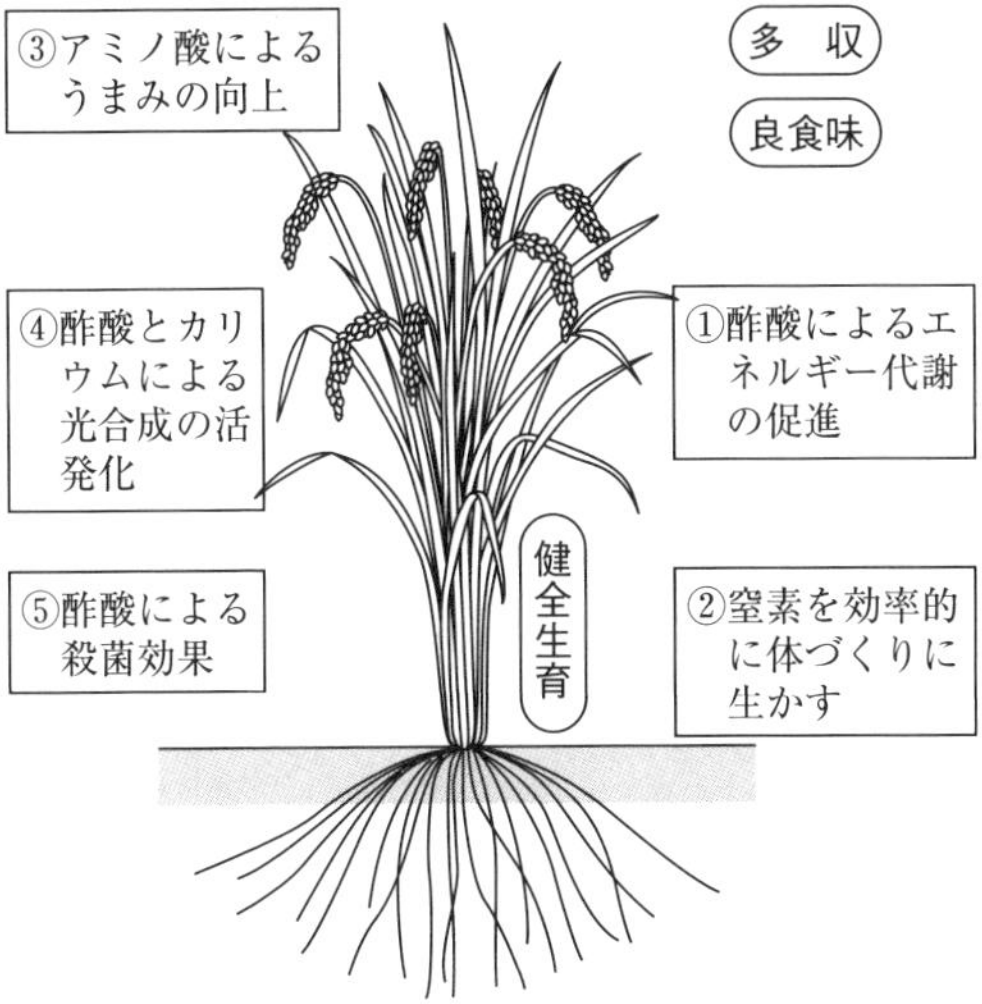

本節では、そのような玄米酢の効果を、作物体内での酢の作用とともに紹介しよう。

(2)　収量増加、食味向上を同時に実現

①酢酸によるエネルギー代謝の促進

まず、主成分である酢酸の作用からみていこう。

図1－3のように、酢酸は植物の体内に入るとクエン酸となってTCA回路（クエン酸

図1－3　玄米黒酢の主な働き

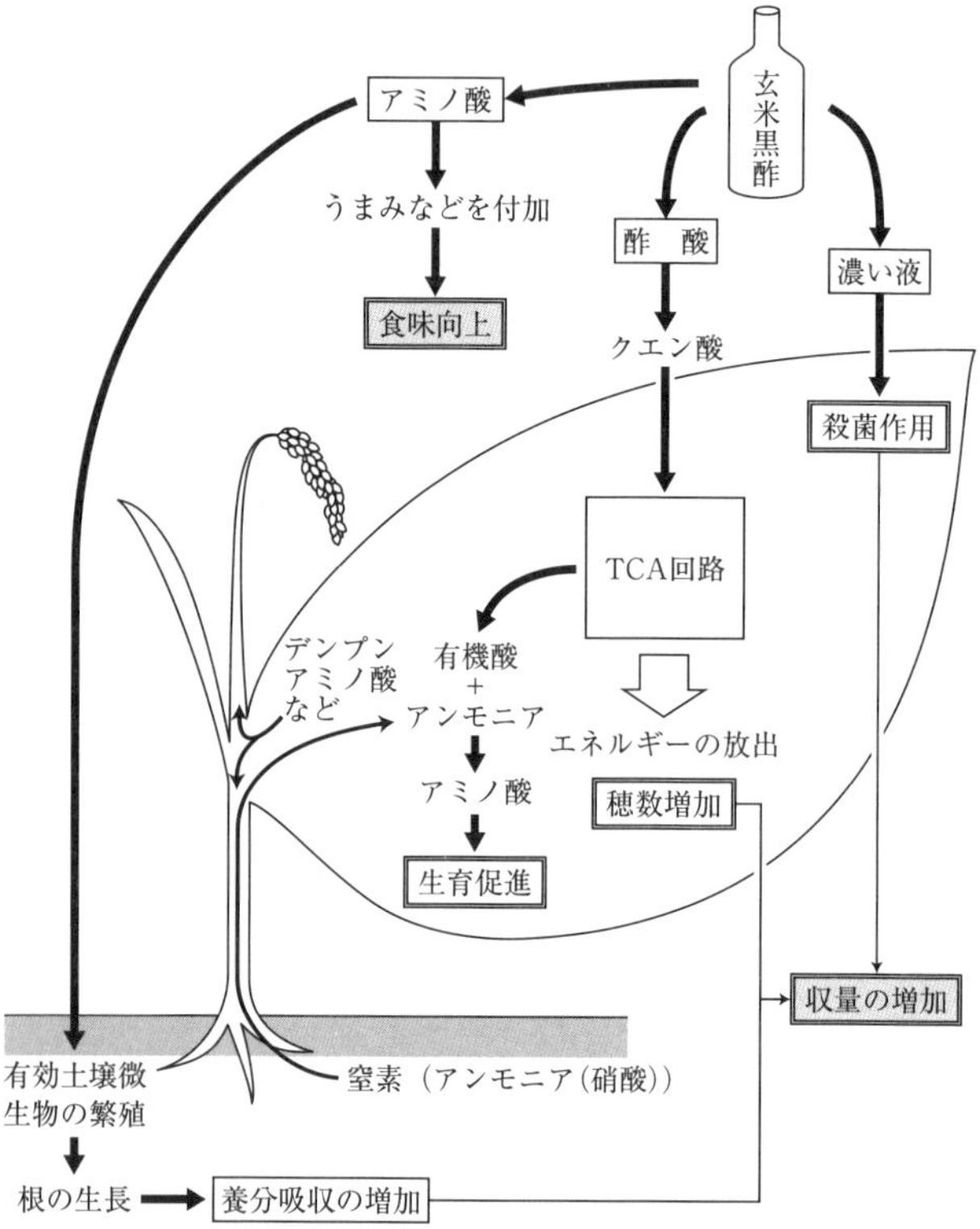

回路）に入り、生長や植物体の活動に必要なエネルギーを生み出すのに使われる。TCA回路は、生体内で糖を燃やしてエネルギーに変える工程の一環で、植物にせよ動物にせよ、呼吸によってTCA回路を働かせて、エネルギーをつくり出して使っている。

クエン酸は、このTCA回路をスムースに動かす働きをする。すなわち、生物のあらゆる生命活動の基礎であるエネルギー代謝、これを促進するという重要かつ不可欠な役割をしているのである。

②窒素を効率的に体づくりに生かす

根から吸収した無機窒素は、ＴＣＡ回路から生じる有機酸と結びついてアミノ酸に変わる。アミノ酸は生物の組織や細胞、核や染色体、酵素やホルモンなど体のあらゆる部分を構成する基本材料である。

酢酸（クエン酸）によってＴＣＡ回路がスムースに働くことによって、根から吸われた硝酸（一般に畑作物はこのかたちで吸う）やアンモニア（イネはこのかたちで吸う）は、効率よくアミノ酸に合成されて植物の体づくりに回される。また、吸収した窒素が過剰にたまることがないため、体は強健で活力が高い。このようないろいろの過程を経て、イネ栽培で玄米酢を使うと、穂数が増えて、最終的に収量が高まる。ただ、このような酢酸の作用は長続きしないので、数回に分けて散布する必要がある（第2章参照）。

③アミノ酸によるうまみの向上

いっぽう、玄米酢が豊富に含むアミノ酸は、その種類によって異なった働きがある（31ページ表1−4参照）が、グルタミン酸・アスパラギン酸・バリンなど、玄米黒酢に多く含まれるアミノ酸には、うまみを増すものが多い。玄米黒酢米を食べてみるとおいしく感じるのは、このためである。

図1－4　玄米黒酢の光合成への影響の推定図

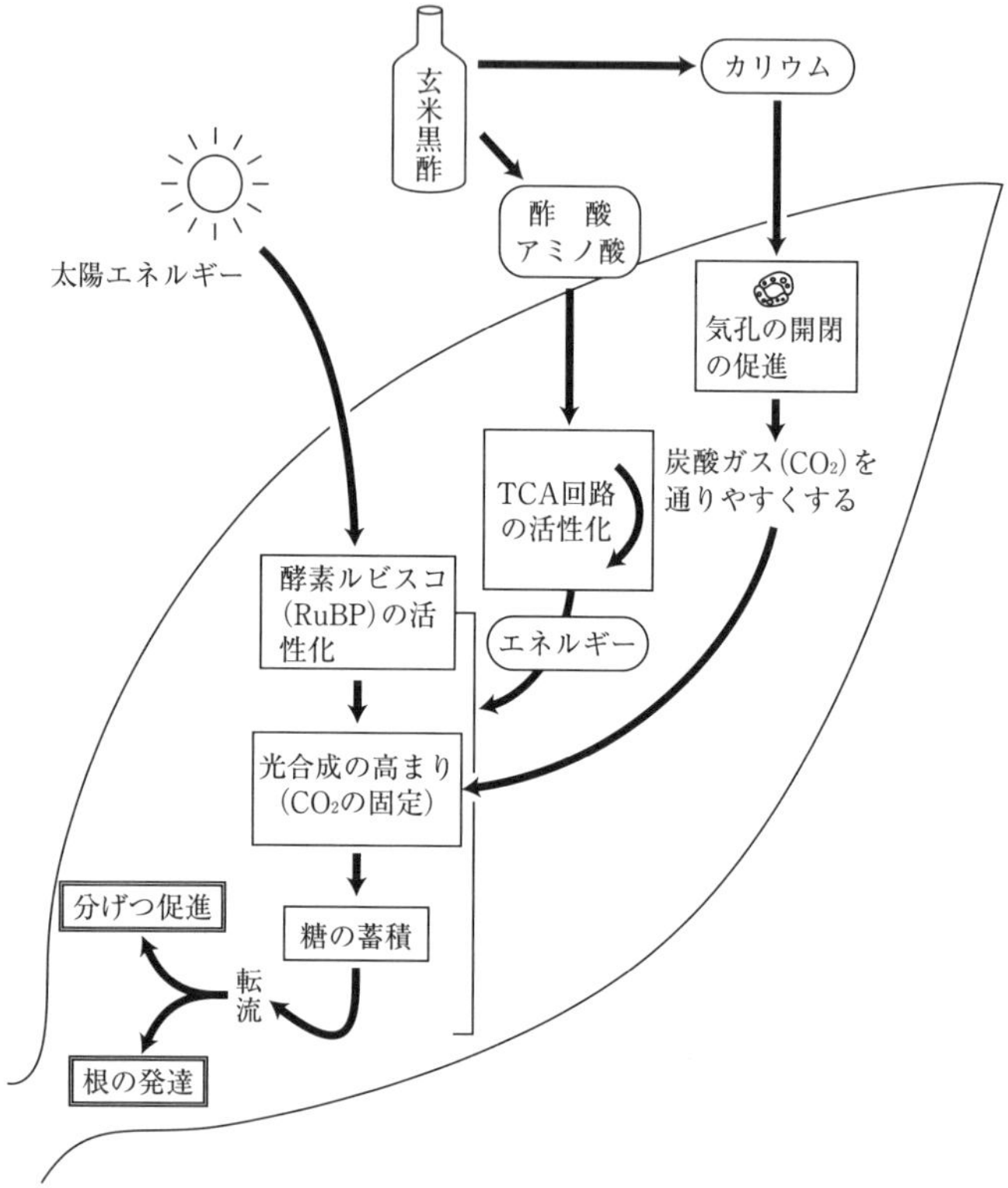

また、アミノ酸の中には土壌中の有用微生物の繁殖を助けて、根の生長を促す働きがある。そうすると、根は土壌養分をたくさん吸収して植物の生長が旺盛になる。

以上のように酢酸効果とアミノ酸効果の二つをあわせもった玄米黒酢は、生産者の実際栽培場面でも、収量を高めると同時に、食味も良くする傾向にあることが確認されている（第3章の事例参照）。そのため、窒素を植物に施与して生長を旺盛にするのとは、植物の生長への効果が全く異なる技術として、栽培技術の中に位置づけられている。

④酢酸とカリウムによる光合成の活発化

光合成は一般に葉で行なわれ、三つの過程から成り立っている。

第一は、炭酸ガス（CO_2）が葉緑体に達する過程で、葉表面の空気の状態（葉面境界層）が良いことと、気孔が開いていることが必要である。第二は、太陽の光、特に青と赤の光をとらえて、根から吸われた水を分解してエネルギーをつくる過程（明反応）である。第三は、つくられたエネルギーととらえたCO_2から糖（有機酸）をつくる過程（暗反応）である。CO_2をとらえるとき、ＲｕＢＰ（ルビスコ）かＰＥＰ（ホスフォエノールピルビン酸）という酵素が関係している。

さて、三つの過程を考えたとき、酢酸は主にどこに働くのだろうか。図1‐4のようにＴＣＡ回路（クエン酸回路）に入ってエネルギーをつくり出す、第二の過程に働くと考えるのが妥当のようである。

また、玄米黒酢（石山味噌醤油（株）製造）には、かなりのカリウム（Ｋ）も含まれる。図1‐5に示すように、気孔が開くのはカリウムイオンが多いときという報告もあることから、玄米黒酢は気孔が開くことにも何らかのかたちで作用をして、CO_2を多く取り入れるのに貢献している可能性もある。

図1－5　気孔の開閉とカリウムの関係

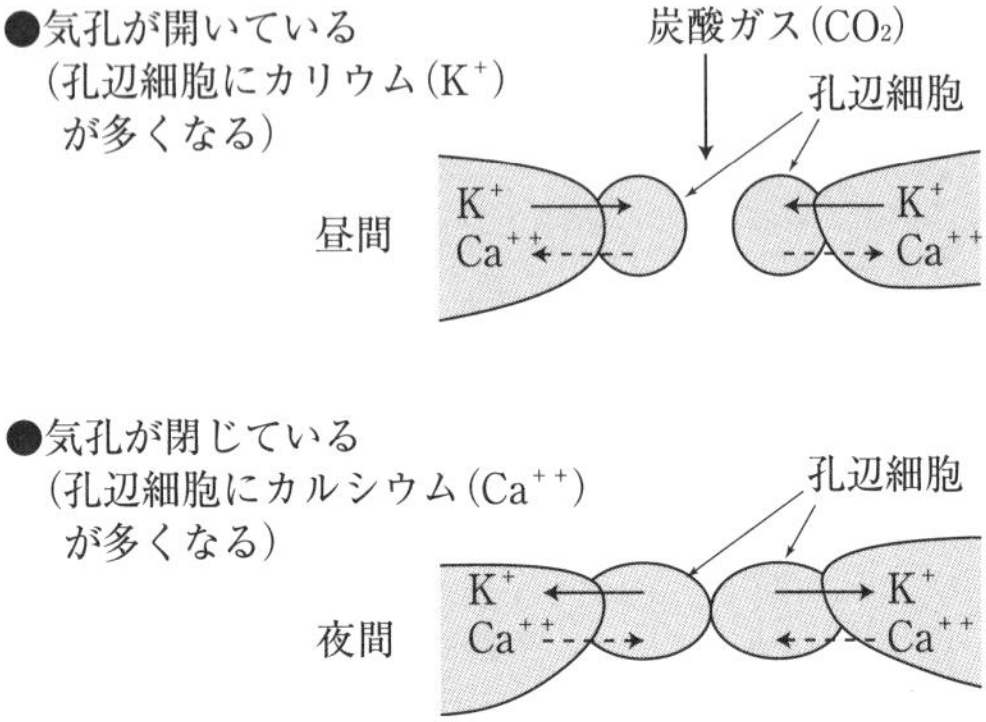

気孔の開閉のメカニズムに関しては、まだ十分にわかっていないが、いくつかの要因のうち、カリウムとカルシウム（Ca）の相互作用があげられる。一般に、昼間気孔が開いているときは、気孔の孔辺細胞にカリウムイオンが多く、夜に気孔が閉じているときは、カルシウムイオンが多くなる。

以上のように、少なくとも光合成の第一、第二の過程に働いて、光合成が促進されるものと思われる。

(3)　病害虫の予防効果も大きい

①殺菌効果と抵抗力増強効果

前述のように、玄米黒酢は酢酸と多量のアミノ酸を含んでいる。

酢酸には、ある程度の殺菌作用があり、いもち病菌などを殺すまではいかないにしても、菌の増殖をおさえることが知られている。また、アミノ酸の一種グルタミン酸のように抗菌作用のあるものもある（30ページ「アミノ酸のさまざまな効果」参照）。これらの効果で、いもち病菌の増殖はある程度おさえられるであろう。

いっぽう、玄米黒酢をかけることによって、前述のように、TCA回路がスムースに働いて、植物体内の窒素が効率的にアミノ酸に変化する。体内の窒素が過多だと、植物体が軟弱となり病気にかかりやすいが、アミノ酸合成によって植物体が丈夫になる。植物体そのものが丈夫になると、いもち病菌の侵入を阻止し、たとえ感染しても重い発病まで至らない。

以上をまとめると、図1－6のように、酢酸の殺菌作用と、植物が抵抗力をつけることで病原菌を寄せつけないことが考えられる。現に、少々濃い玄米黒酢液をイネにかけて、いもち病防除の農薬散布を減らしている農家は少なくない（第3章参照）。

図1－6　玄米黒酢によるイネへのいもち病菌侵入阻止の様子の推定図

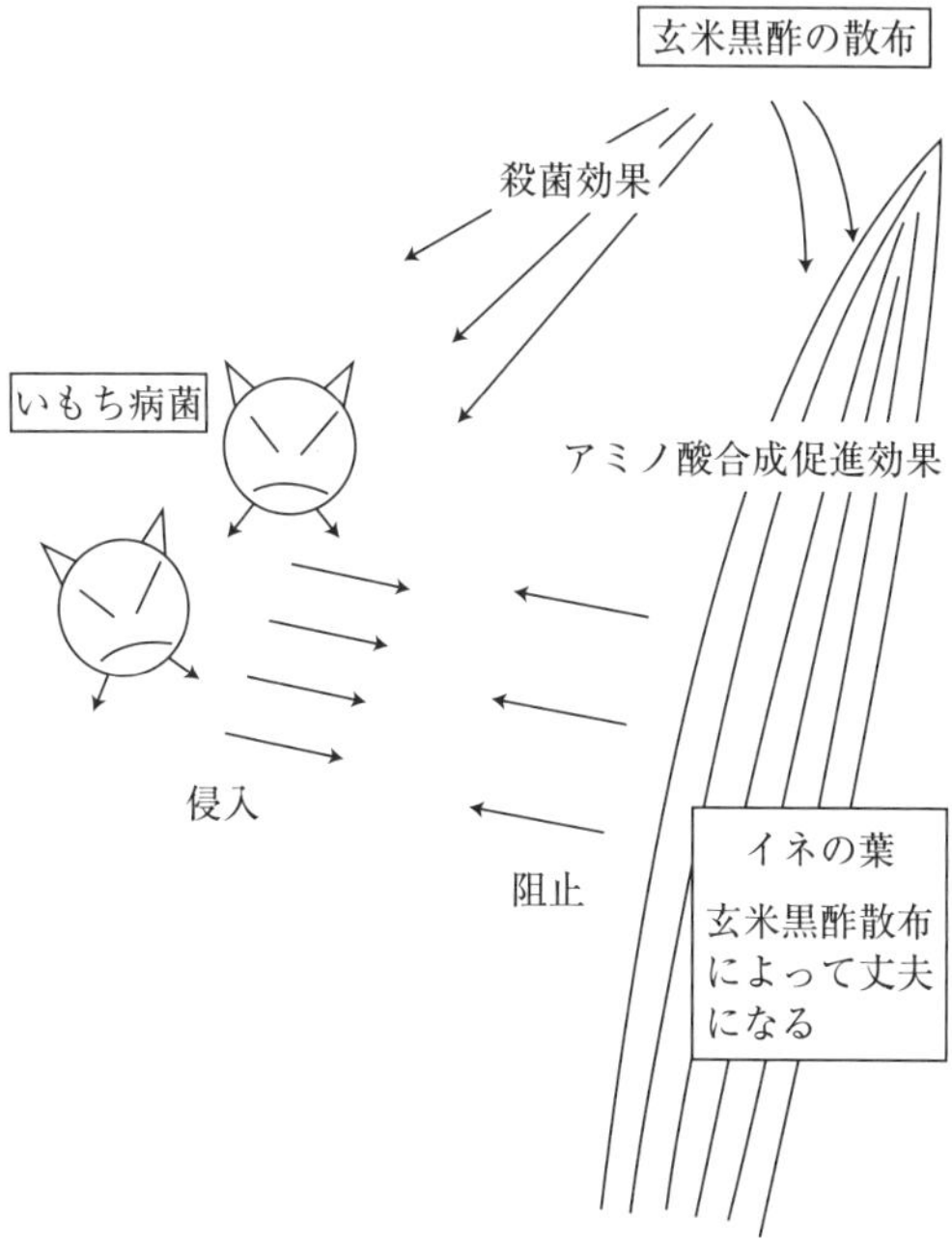

②高濃度で病菌抑制、低濃度で増殖促進

また、養田武郎（一九九八年）は玄米黒酢の濃度を変えて、いもち病菌の発芽に及ぼす影響を調べている。図1-7に示すように、濃い濃度（たとえば一〇〇倍液）だと、菌の発芽がみられないが、薄い濃度（たとえば一〇〇〇倍液）だと、液のアミノ酸がいもち病菌の栄養になり、菌が発芽して付着器をつくり、葉から栄養をとって増殖を続ける。対照区の水条件（二四時間後）のばあいにも付着器の形成と増殖がみられるが、低濃度ではそれよりも菌が増える可能性を示唆している。

昨年（二〇〇三年八月）、大潟村を訪ねた。ここは、海に近くて風が強く、あまりいもち病は出ないとのことだが、中央道路沿いにポプラ並木があり、その近辺は風が弱く、たまたまいもち病が出ていた。水田の持ち主である早津さん（早津農園）にたのんで、玄米黒酢をかけてもらった。一〇〇倍液と五〇倍液をそれぞれかけてみたところ、五〇倍液でいもち病の出方が少ないようであるとのことだった。対照の無処理区と一〇〇倍区には、穂いもちもみられるが、五〇倍液区には、あまりそれがみられなかった（図1-8）。

なお、図1-7の試験では、一〇〇倍でいもち病菌の発芽が抑制されたという結果が出ているが、環境条件との関係もあるので、実際圃場でいもち病を抑制するための玄米黒酢の濃度については、なお検討が必要である。

図１－７　玄米黒酢は高濃度でいもち病菌の増殖を抑制するが低濃度では促進する

（養田武郎，1998年）

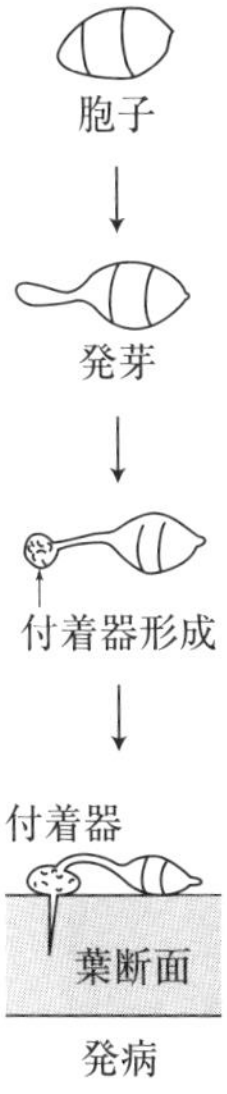

いもち病菌の生長

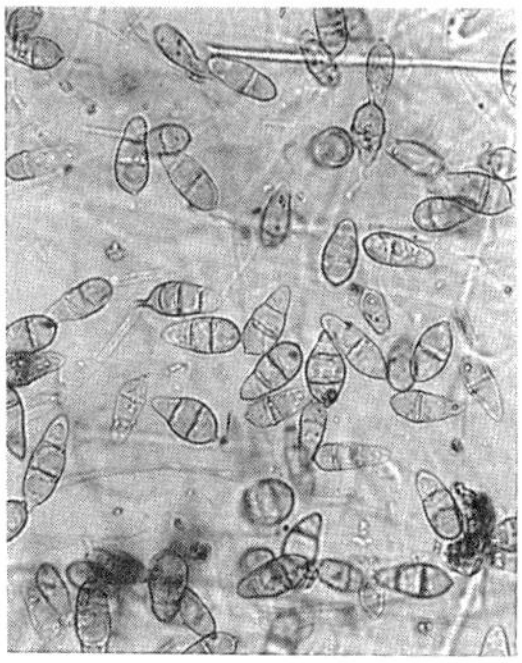

①実験開始時のいもち病菌の胞子

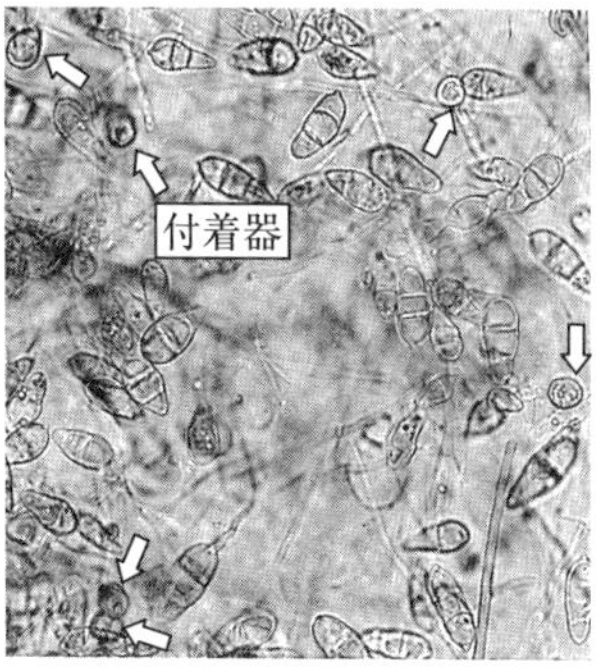

②水だけの対照区の24時間後
付着器を形成し葉に侵入しているが，玄米黒酢1,000倍液よりその数は少ない

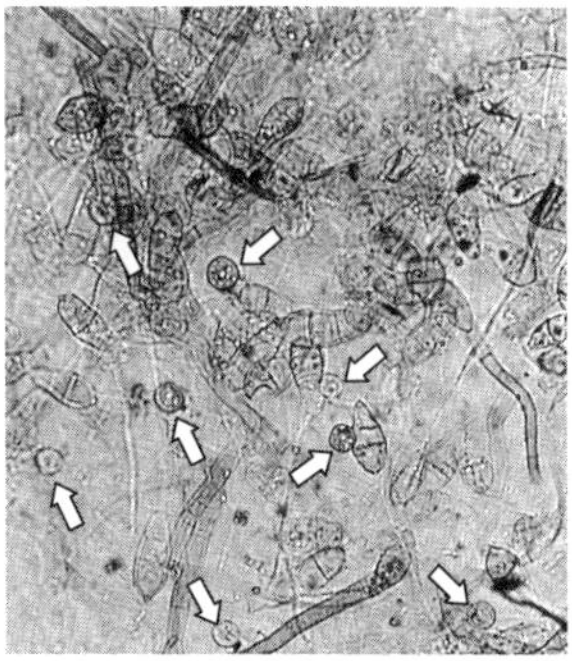

③玄米黒酢1,000倍液区の24時間後
アミノ酸がいもち病菌の栄養になり，対照区より多くの菌が増殖し付着器を形成して侵入している

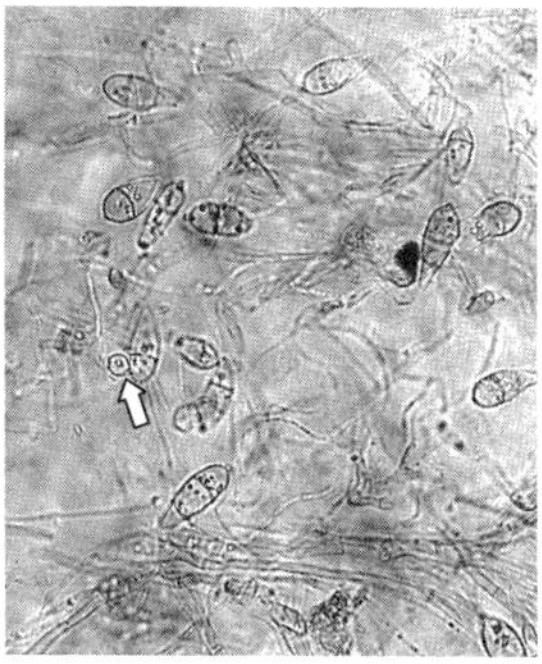

④玄米黒酢100倍液区の24時間後
いもち病菌の発芽・増殖がかなりおさえられているが，わずかに付着器の形成がみられる

度といもち病発生の違い（2003年，秋田県大潟村での例）

②玄米黒酢100倍区ではいもち病が発生

③玄米黒酢50倍区では発生がみられなかった

図１－８　玄米黒酢の濃

矢印は葉の病斑と穂いもち発生部

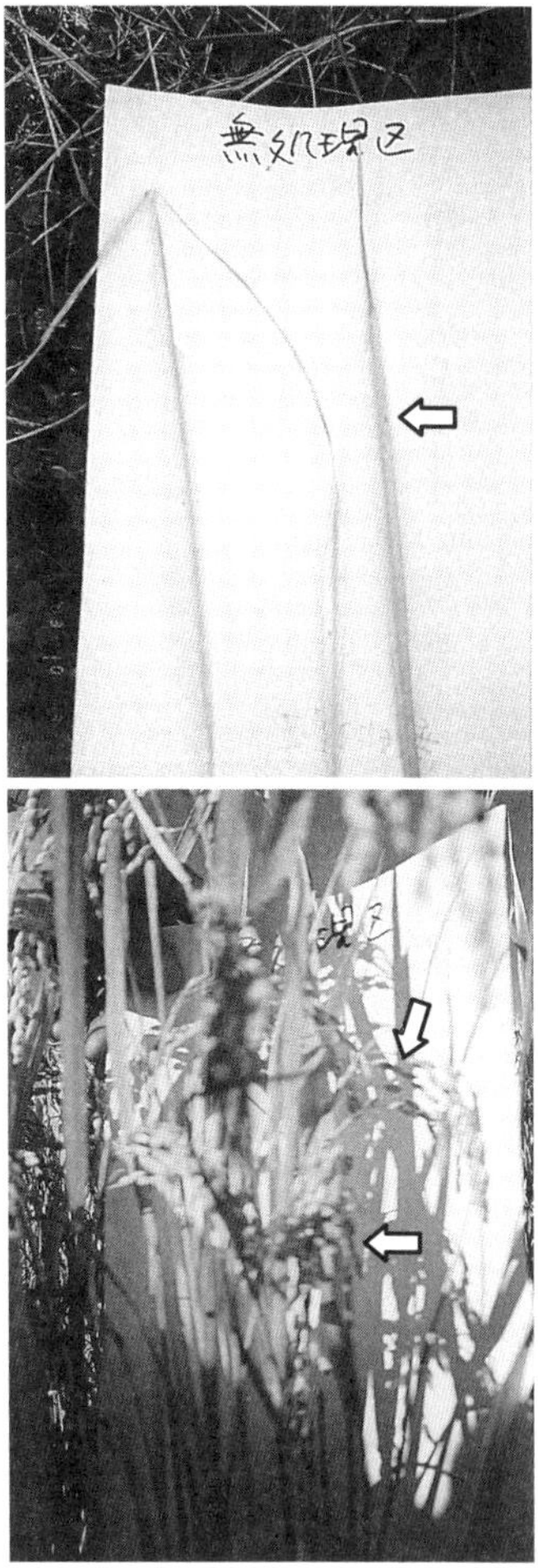

①無処理区

(4) 有機・無農薬栽培の有力な武器に

有機栽培とは、三年間化学肥料と農薬を使わないで栽培することである。肥料に有機質肥料を使い、農薬の代替に玄米黒酢を用いれば有機・無農薬栽培も可能となろう。人間の健康にとっては願ったりかなったりのことである。

ただ、すべて有機・無農薬にすると、手間ひまがかかり、限界があることも確かである。そこで、図1－9のように、除草に一種のマルチなどを使うのも有効である。組み合わせ方の一例として、玄

図1－9　有機・無農薬栽培の技術の組み立て例

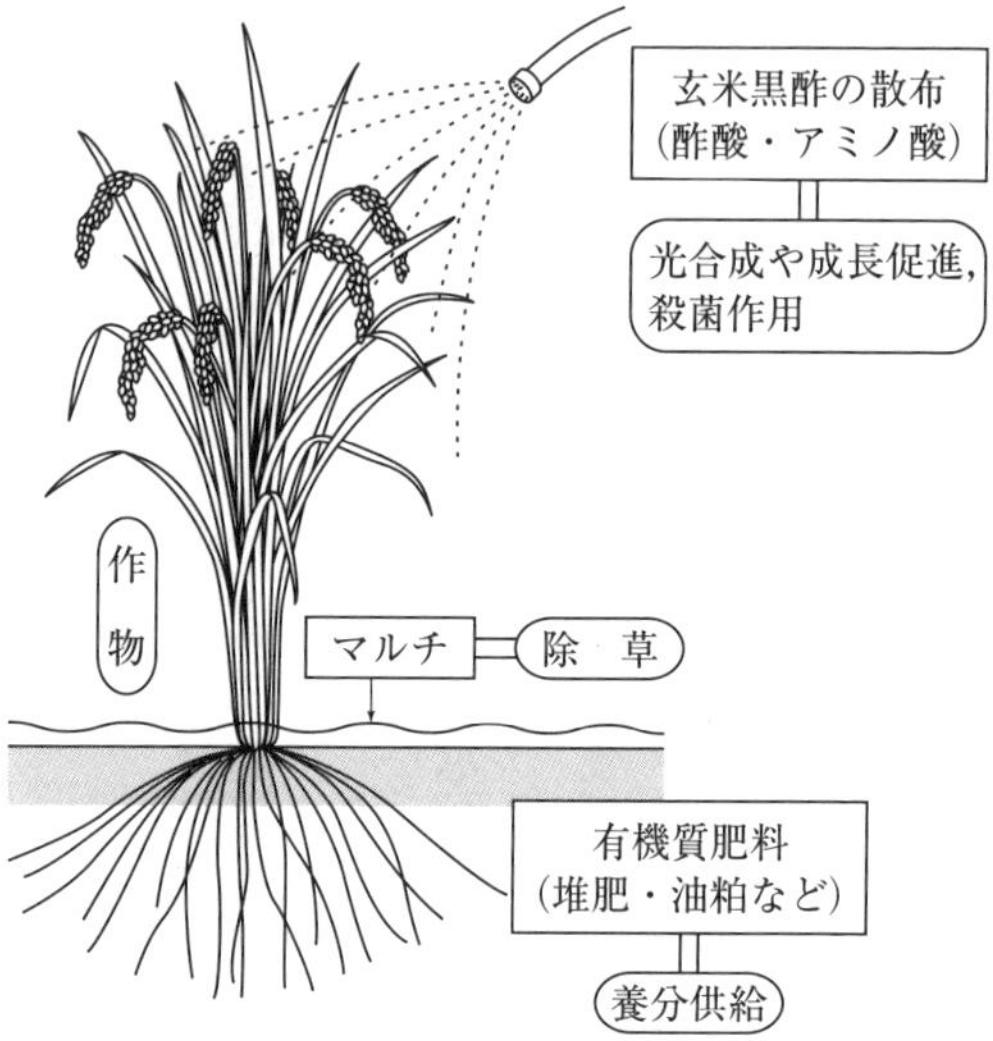

米黒酢とマルチ利用を行ない、肥料には化学肥料を使うといった無農薬栽培も可能であろう。

第3、4章で具体的に紹介するように、現にこれを用いて有機栽培を行なっている農家も見受けられる。最近、外国から輸入している農作物には有害物質を含むものもある。将来の子孫のことを考えれば、少々値段が高くても安心できる農産物を食べたいし、農家側としてはそのような安全で安心なものを供給したい。

玄米黒酢は、化学資材に頼らないさまざまな技術やアイディアと補強しあって、今日求められる、自然の力を生かした安全・安心な食べ物づくりのための有力な武器となるものである。

2、玄米黒酢の成分とその働き

前節では、玄米黒酢の特徴、および玄米黒酢が作物の生長・収量・食味に及ぼす効果、その仕組みについて解説した。ここでは、玄米黒酢の成分とその働きについて、さらに詳しく紹介する。そのさい、酢は作物にとってだけでなく、われわれ人間にとっても馴染み深い存在であり健康食品として注目されているので、食と健康といった観点も含めて解説し、理解を進めたい。

(1)　玄米黒酢の主な含有物――製品による違い

①酢酸は五％前後で共通

前節の冒頭で述べたように、玄米黒酢は「玄米仕込み」である。

玄米の糊粉層や胚芽にはタンパク質や脂質などが多く含まれるので、玄米黒酢は、デンプンだけの精白米でつくる一般の米酢とは異なる。そのため、玄米黒酢は、表1−1に示すように、比較的多くの酢酸とともに、タンパク質（アミノ酸）を豊富に含むのが特徴である。

表には二社の玄米黒酢のデータを示したが、製造元が異なっても、

表1−1　玄米黒酢と米酢・麦酢の主な含有物

（単位：％）

	玄米黒酢（石山）	玄米黒酢（福山）	米酢	麦酢
水　分	95.2	90.40	87.9	79.9
酢　酸	4.6	4.60	4.5	3.4
糖　質	1.3	0.42	7.4	15.1
タンパク質	0.7	0.11	0.2	1.2
灰　分	0.2	1.32	0.1	0.4
塩　分	0.05	0.08	0.05	0.015

石山：石山味噌醤油株式会社
福山：福山酢（坂元醸造株式会社）

表1－2　玄米黒酢と米酢・麦酢のアミノ酸含量

(mg/100ml)

アミノ酸	玄米黒酢(石山)	玄米黒酢(福山)	米酢	麦酢
アラニン	103	105	6	55
グルタミン酸	73	13	6	29
ロイシン	56	53	6	31
アルギニン	54	2	8	11
バリン	47	49		30
グリシン	40	35	3	23
セリン	35	21	2	
イソロイシン	28	33	2	
スレオニン	25	29	2	
フェニルアラニン	22	14	4	
リジン	20	25	5	
チロシン	17		4	
アスパラギン酸	15	27	2	
メチオニン	11	12	2	
プロリン	10	33	5	24
計	556	414～580	60	

表1－3　米黒酢と米酢の無機質(ミネラル)含量

(mg/100ml)

ミネラル	玄米黒酢(石山)	玄米黒酢(福山)	米酢
カルシウム	4	0.01	2.0
リン	80	13	15.0
鉄	0.9	0.06	0.1
ナトリウム	4	369	12.0
カリウム	81		16.0
マグネシウム	36	6.7	6.0
亜鉛	0.5	0.01	0.2
マンガン	0.74		

おそらく同じような含有値を示すものと思われる。

酢酸は、石山味噌醤油(株)、福山酢の坂元醸造(株)の黒酢ともに四・六%となっているが、だいたい五%である。

②豊富なアミノ酸の組成

タンパク質は、石山味噌醤油(株)の黒酢が〇・七%、坂元醸造(株)の黒酢が〇・一一%である。タンパク質を構成するアミノ酸は、製造元によって微妙にその含有率が異なる。表1―2にみられるように、二社間では、グルタミン酸・アルギニンなどの含有率が異なる。ただ、アミノ酸含量は、一〇〇ミリリットル中に、石山味噌醤油(株)が五五六ミリグラム、坂元醸造(株)が四一四～五八〇ミリグラムであまり大きな違いはみられない。とにかく、アミノ酸含量が豊富で、米酢に比べて、約九～一〇倍高くなっている。

③ミネラル含量は製品による差が大

無機質(ミネラル)については、表1―3のように、石山味噌醤油(株)の玄米黒酢には、カリウム・リン・マグネシウムが比較的多いのに対して、坂元醸造(株)の玄米黒酢は、ナトリウム・リン・マグネシウムが多い。前者の玄米黒酢にカリウムが多いことが、気孔の開閉に影響して光合成促進と関係があるものと考えられる(18ページ参照)。

(2) 酢酸の働き

①健康食品としての効果

酢酸に鼻を近づけると、刺すような強い刺激を感じる（水素イオンの解離度が大きいほど強く感じる）が、玄米黒酢にはそのような強烈な刺激は少なく、柔らかい感じがある。これには、酢以外のアミノ酸・有機酸などが関与していると考えられる。

酢酸は、私たちの食生活の中で食を引きたてるために、いろいろなかたちで使われている。ギョウザのつけ汁に、酢ブタに、焼きソバに、酢漬などにである。健康に良いからということで、酢が錠剤のようになっている製品もある。しかし、酢の効果は長続きせず、一度飲めばそれで済むというものでなく、継続して飲まなければならない。

②ＴＣＡ回路を活性化

前節でみたように、酢酸は体内に入るとクエン酸となって、糖が燃焼してエネルギーを出す過程の一環であるＴＣＡ回路（クエン酸回路、クレブス回路）に入る。エネルギーをつくり出す回路を活性化し促進するのである。糖（ブドウ糖）一分子は分解して、二個のピルビン酸となって、クエン酸回路に入って六個のＡＴＰ（アデノシン三リン酸、エネルギーのもと）をつくる。その他に二つのＡＴＰが加わって全体で三八個のＡＴＰがつくられる。

一ＡＴＰは八キロカロリーであるから、三〇四キロカロリーがつくられることになる。水一ミリリットルが一℃上がるのに一カロリーを必要とする。この計算でいくと、〇℃の水を一〇〇℃に沸騰させるのに、一〇〇カロリーであるから、約三リットルの水を沸騰させるくらいのエネルギーがある計算になる。実に大きなエネルギーである。

図１－10　クエン酸による乳酸の燃焼
疲労を早期に回復

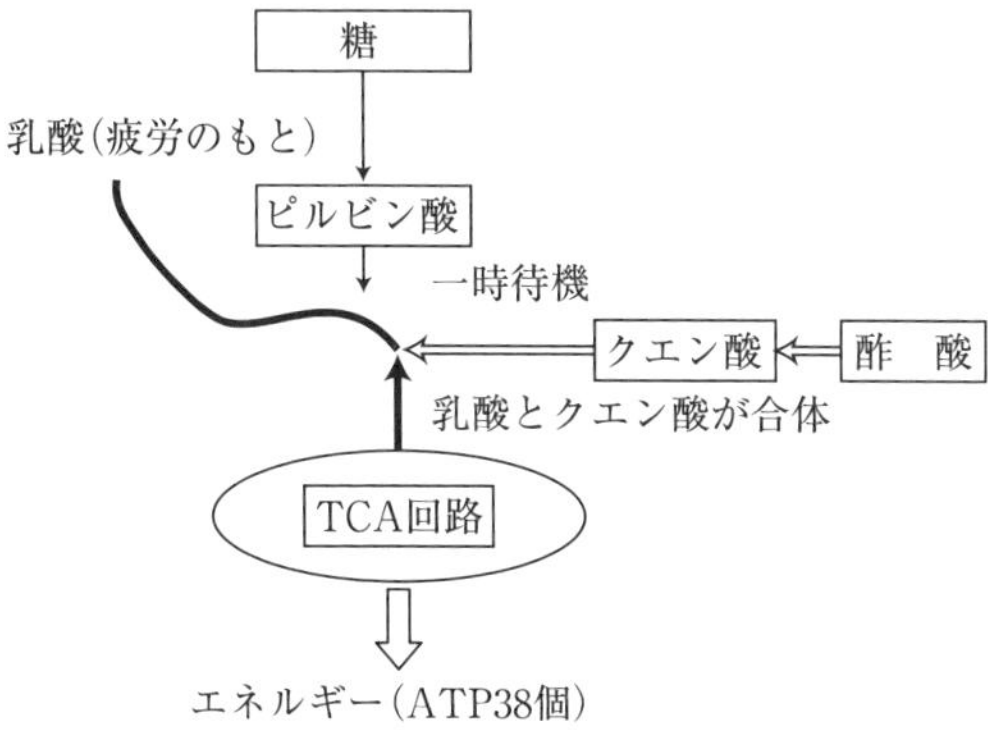

③乳酸の消化でリフレッシュ

体内で糖が燃焼するとき、ビタミンB_1が欠乏すると、ピルビン酸がクエン酸回路に入っていけず、乳酸やピルビン酸がたまって疲労のもとになる。

激しい運動をする選手が、運動後にクエン酸を飲むことがある。クエン酸を飲むと、図１-10のように、疲労のもとになる乳酸を消化して、それを燃やしてエネルギーを出すように働く。疲労回復が速まるリフレッシュ効果である。酢酸を体内に取り入れれば、同じように働く

図1―11　アミノ酸の一般式といくつかのアミノ酸例

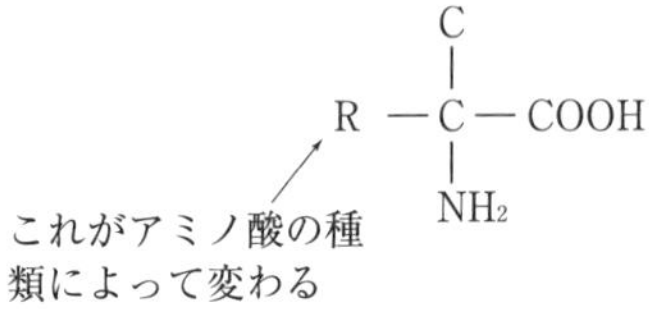

R＝H	グリシン
R＝CH_3	アラニン
R＝CH_2COOH	グルタミン酸

ことが考えられる。

植物に玄米黒酢をかけたばあいにも、これと同じような働きが植物体内で行なわれると推察される。

(3) アミノ酸のさまざまな効果

一八〇六年、フランスでアスパラガスからアミノ酸がみつかり、これをアスパラギン酸と呼んだ。その後さまざまなアミノ酸が発見されている。

アミノ酸の構造式は図1―11のようである。炭素のまわりに、アミノ基（NH_2）とカルボキシル基（COOH）を持っていて、Rの部分がいろいろに変わる。もっとも単純なものは、Rが水素（H）で、これをグリシンと呼び、玄米黒酢に比較的多く含まれる。

また、動物が必ず食物を通じて摂取しなければならない（自分の体で合成できない）アミノ酸を必須アミノ酸といって、人間には二〇種が必要である。

表1－4　各種アミノ酸の働き

アミノ酸	食味関連	生長促進	色を良くする	耐寒性	その他
アラニン	○				
グルタミン酸	○	○実，根			抗菌力
ロイシン	○		○		
アルギニン	○	○			
バリン	○甘味	○根			
グリシン	○			○	
セリン	○酸味	○根			
イソロイシン	○苦味				
スレオニン	○甘味，酸味	○			
フェニルアラニン	○甘味	○			
リジン	○香気				病気抑制＊
チロシン					
アスパラギン酸	○酸味	○			
メチオニン	○	○	○根		
プロリン			○		果実肥大

＊欠乏するといもち病にかかりやすい

玄米黒酢は、食酢の一種、米酢に比べ、アミノ酸が豊富であることは前述した。表1－2（26ページ）は玄米黒酢（石山味噌醤油（株））のアミノ酸を含量の多い順に並べたものである。アラニンからプロリンまで一五種のアミノ酸のうち、もっとも少ないプロリンでも、米酢に一番多く含まれるアルギニンよりも多く含まれる。

　さて、アミノ酸には表1－4が示すように、いろいろの作用があるが、大きく分けると、まず食味に関係して、主にうまみを高めるものが多い。それをもう少し詳しくみると、甘味・酸味・苦味、それに香気に関係しているものがある。食味に強く関係するものは、大きいものから順に、アラニン・グルタミン酸・バリン・グリシン・アスパラギン酸である。

次に、根その他の部分の生長を促進するもの、その他に色を良くするもの、耐寒性を強めるものなどである。また、その他の働きとして、グルタミン酸やリジンには病気を防いだり、抑制したりする作用があり、プロリンには傷口をふさぐ作用もある。酢酸の殺菌作用とあわせると病気に対する抵抗力ができることが理解できる。

また、食酢に含まれるアミノ酸は、窒素（N）部分が外れてからアルファーケト酸を経てＴＣＡ回路に入って代謝される。ここでもエネルギー生産と関係している。主なものに、アラニン・アスパラギン酸・グルタミン酸・トリプトファンがあげられる。

(4) カリウムの働き

さとうきび酢や麦酢にはカリウム（K）が多く、米酢や他の穀物酢にはナトリウム（Na）が多い。果実酢は、両者がほぼ同じくらいである。

石山味噌醤油㈱の玄米黒酢には、ミネラルとしてカリウムを一番多く含む。カリウムの一般的な働きとして、①気孔の開閉、②浸透圧の調整（細胞が水を吸収する力）、③酵素反応の活性化などがあげられる。①の気孔の開閉については、前節で述べた（18ページ参照）。③の酵素反応の活性化には、タンパク合成酵素の活性化があり、これによってタンパク合成が盛んに行なわれる可能性がある。新潟大学農学部作物学研究室では、一定濃度のカリウムを葉面散布することにより、乾物重が大きくなる現象を観察している。

3、玄米黒酢および各種酢の製法と特徴

(1)　玄米黒酢の製法のタイプ

①二段階仕込み――石山味噌醤油（株）の例

図1-12のように、アルコール発酵工程と酢酸発酵工程をはっきりと分けた二段階仕込みで食酢を製造している。まず、玄米を加圧して蒸し、蒸玄米をつくり、それに玄米麹《こうじ》、酵母を配合して玄米酒をつくる。この玄米酒に、種酢、水を配合し、静置タンク内で約一カ月酢酸発酵をさせ、約一カ年熟成させる（静置発酵法）。

でき上がったものは熱を加えて殺菌し、長期間熟成させると、まろやかな玄米黒酢ができる。タンパク質や脂質などを豊富に含んだ玄米からつくるため、味はエキス分が多くてうまみがあり、香りは豊かで落ち着いている。最終酸度は四・六%に調整されている。

できる工程(二段階仕込み)

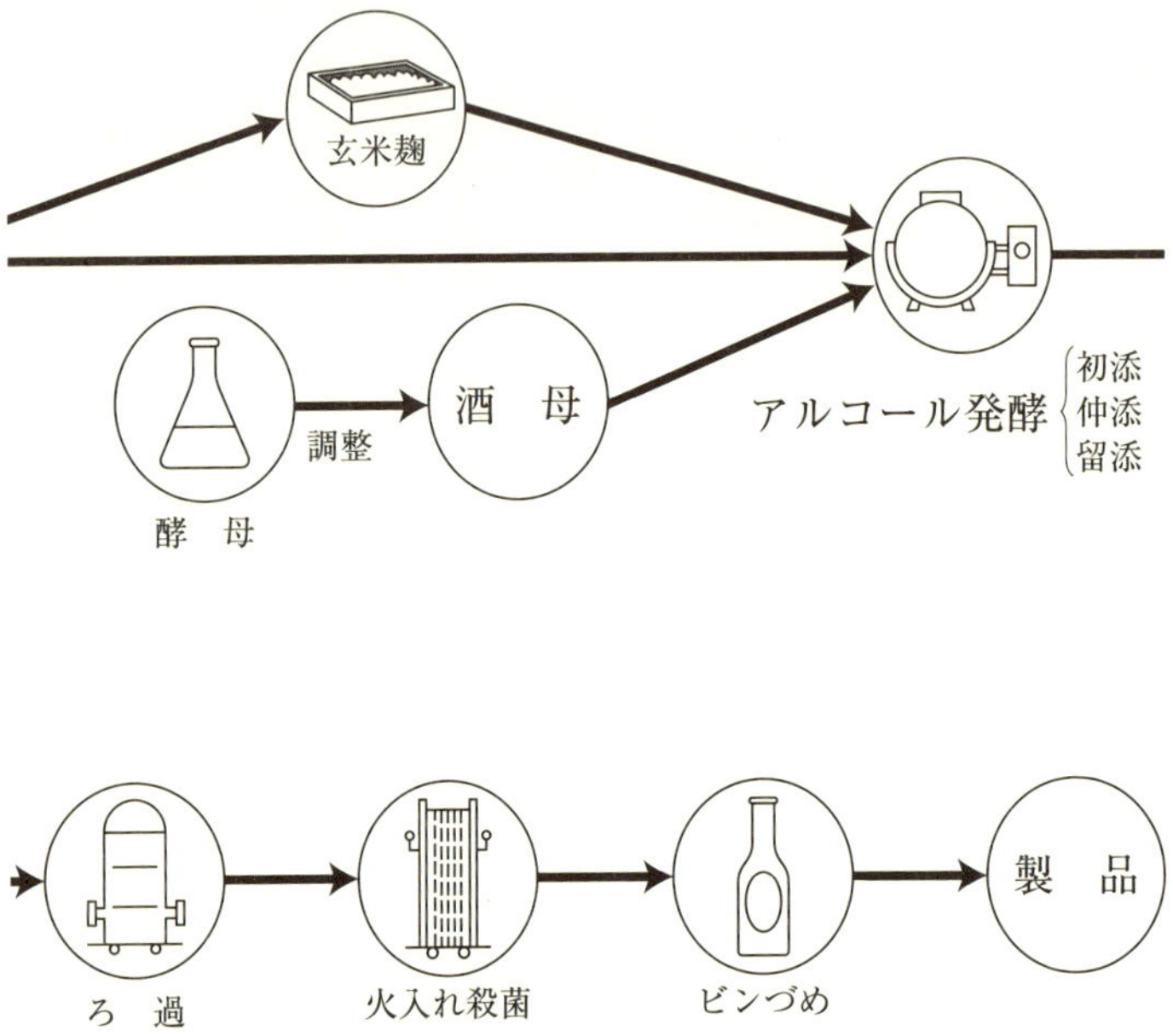

②酒・酢の連続発酵――坂元醸造（株）の例

九州・鹿児島県の温暖な気候を利用して、屋外の壷《つぼ》（古い薩摩焼、容量五二リットル、直径約四三センチ、高さ六二センチ、口径一四センチ）の中で黒酢をつくる。玄米八キロ、玄米麹三キロ、水三〇リットルを配合し、その直後くらいに米麹〇・三キロを加えて、壷に仕込む。同じ壷の中で一貫してアルコール発酵（二、三カ月）と酢酸発酵（半年）が連続的に進んでいって、玄米黒酢ができ上がる。

図1−12　玄米黒酢の

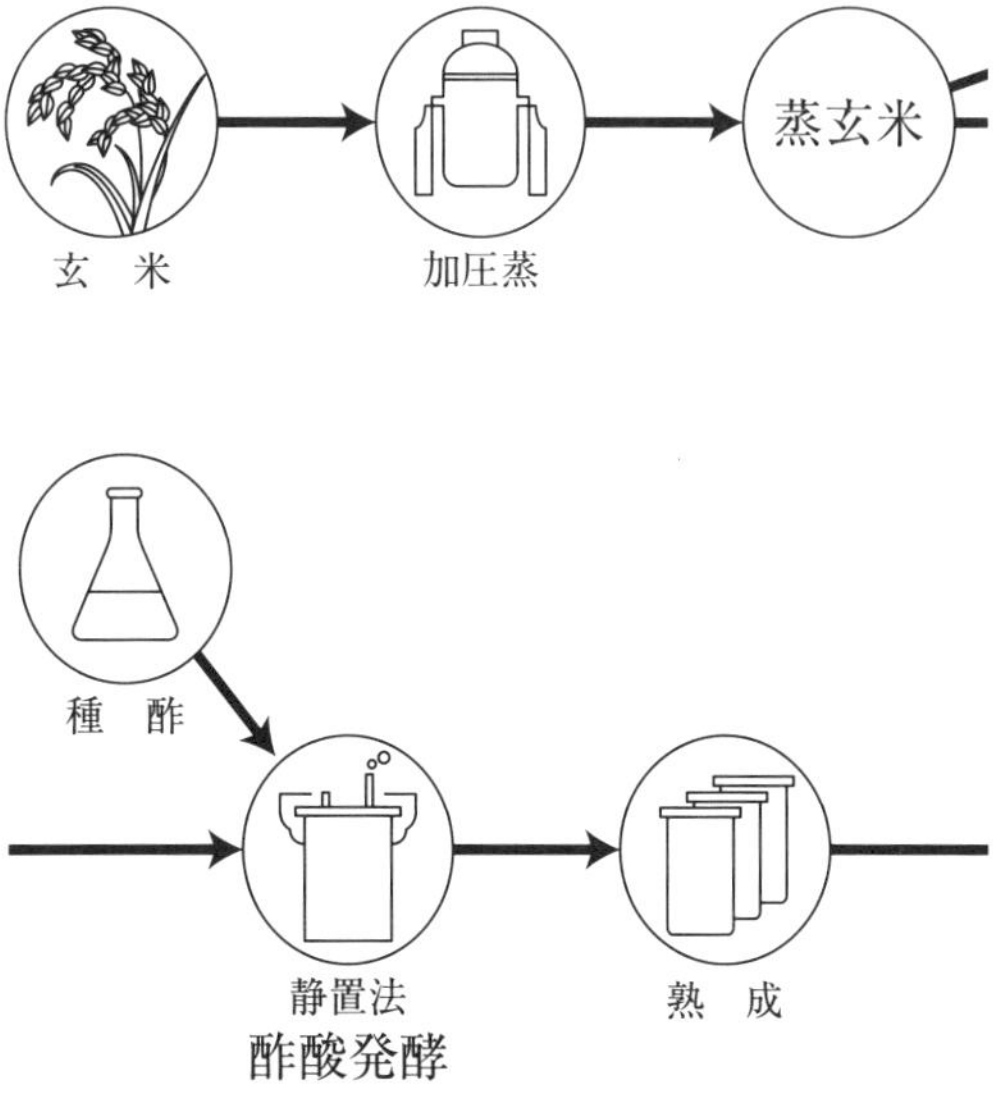

(2) 各種酢の製法・活用・効果

木酢《もくさく》についてはよく知られているが、その他の酢は表1−5のように分類される。ここでは、玄米黒酢以外の各種酢の特徴と効果について紹介しておこう。比べることで、酢としての共通性と、玄米黒酢の特徴をつかんでいただきたい。

①木　酢

・製法と成分など

昔から、木酢液は作物の栽培によく使われていた。樹木（ナラ、クヌギ、ブナなど）を炭窯《すみがま》で燃やしたときに出る白煙を冷却してとれた褐色の液体を水に溶かしたものが一般的である。

表1－5　各種酢の分類（木酢を除く）

米酢	純米酢，玄米酢
穀物酢	麦酢（琉球もろみ酢，モルト酢など）
果実酢	ブドウ酢，リンゴ酢，その他の果実酢など

木材の主成分は、樹木の繊維を構成するセルロース・ヘミセルロース・リグニンなどの約七〇％、その他脂肪族化合物や芳香族化合物の約一〇％が主なものである。木酢液の酢酸含量は、樹木の種類によっても異なるが、だいたい四％くらいで玄米黒酢とほぼ同じである。一九三〇年代とかなり古くから殺菌効果が知られているが、いまだに有効成分は同定されていない。

・活用法と効果

木酢液が病害虫に効果のあった例をいくつかあげると、次のようなものがある。

ビート立枯病	木酢液の四〇倍液
カラマツ立枯病	一二五倍液
ムギモザイクウイルス	四〜八倍液
サツマイモネコブセンチュウ	一〇〇〜二〇〇倍液

イネでは、育苗箱への一〇〇〇倍液の灌水で、根張りが良くなり活着が促され、発育が良くなる。本田では、有効茎歩合決定期に与えると、根の伸長を促進する。出穂期から二〇〇〜三〇〇倍液の散布で稔実が良くなる。出穂後のカメムシ被害に効く可能性もある。

稲作での施用方法としては、土壌全面散布、株元散布（流し込みも含む）、葉面散布などがある。

葉面散布での生育促進には、八〇〇～一〇〇〇倍液が、害虫防除には二〇〇～三〇〇倍液が効果的である。土壌施用としては、木酢液と木炭の混合物を移植前に一〇アールあたり三〇〇キロ施用すると、分げつ数と穂数を増加させる効果がある。

②モミ酢

イネのモミ殻を窯で熱し、その煙を冷却水に引き込んで溶かしてとる。一五キロのモミ殻から一八リットルのモミ酢ができる。pH三・〇～三・五で、市販の木酢液とほとんど変わらない。

長野県のリンゴ農家では、一〇〇〇倍を散布することで、農薬が三分の二～二分の一に減ったという報告がある。また、リンゴの糖度が上がり、凍霜害防止にもつながるなどの効果もあるとされる。イネでは、水口からの流し込みでいもち病の発生をおさえている事例がある。

③麦　酢

・成分の特徴

原料は玄麦で胚芽も含んでいるので、麦酢はミネラルが豊富である。特に、カリウム（K）が多く、一〇〇ミリリットル中に一三九ミリグラム含み、マグネシウム（Mg）とカルシウム（Ca）も比較的多く含む。他方、麦酢では、ナトリウム（Na）は米酢や他の穀物酢に比べて少ない。アミノ酸は、一〇〇ミリリットル中にアラニンが約五五ミリグラムで多く、二〇～三〇ミリグラムと多めに含まれるも

表1－6　麦酢の葉面散布がイネのいくつかの収量構成要素に及ぼす影響（1999年）

処理区	最長稈長	穂　数	籾　数	籾　重	精玄米重
対照	92.9cm	20.5本	1,797粒	42.1g	30.8g
麦酢 700倍	91.2	25.3	2,251	51.8	40.5
麦酢 550倍	94.6	24.3	2,268	49.8	38.8
麦酢 400倍	97.0	25.5	2,322	54.4	43.3
玄米黒酢700倍	97.1	26.8	2,429	57.7	45.4

(1)　コシヒカリを1/2000aポットに1本植え
(2)　酢の散布時期は6月9日（分げつ初期），6月30日（分げつ期），7月10日（幼穂形成期）の3回

のに、ロイシン・バリン・グルタミン酸・プロリン・グリシンがある（表1－2参照）。

・イネに対する麦酢の施用実験

表1－6は、イネのコシヒカリに、六月九日、三十日、七月十日の各時期に麦酢を葉面散布して、収量構成要素への影響をみたものである。比較のために玄米黒酢七〇〇倍液散布の区を併記してみた。

その結果、玄米黒酢七〇〇倍の効果が一番大きく、ついで麦酢四〇〇倍であった。麦酢のばあい、濃度の濃いほうが、すなわち七〇〇倍より四〇〇倍のほうが効果がありそうである。麦酢はムギから抽出してつくったものであるから、イネに対しては、イネから抽出した玄米黒酢ほどには効かないのかもしれない。

④カキ酢（柿酢）

カキの実にイーストや麹を加えて、壷でアルコール発酵させ、

引き続いて酢酸発酵させる。坂元醸造（株）の製造方法と似ている。

　モモ栽培で一五〇倍液を数回かけると、せん孔細菌病や縮葉病は問題なく防ぐことができるという報告がある。また、秋の落葉開始が遅くなって葉がいつまでも青々として光合成が盛んで、翌年の貯蔵養分が蓄積される、と言う。

⑤玄米酢と他の酢、農薬などの混合利用

・玄米酢と木酢

　二種の酢を混合して使って効果を上げている例も多い。玄米酢（鹿児島の黒酢）一〇〇〇倍と木酢五〇〇〜八〇〇倍の混合利用によって、イネの健康が維持され、害虫ではイナゴとカメムシ以外はほとんど気にならなくなった。また、玄米酢と木酢の二〇〇倍を混合したものを登熟期に散布することで、倒伏防止効果があった、という報告がある。

・玄米酢と農薬や肥料

　カボチャの疫病に対して、Ｚボルドーに酢（玄米酢約七〇〇倍）を混ぜて散布したところ病気が止まった、うどんこ病には玄米酢に尿素を少々混ぜて散布して病気が止まった、アブラムシの防除には、玄米酢にトウガラシを適量混ぜたものを散布すると、農薬散布回数が一回減らせる、などの効果が報告されている。

参考文献

1　三枝敏郎『木酢液・炭と有機農業』創森社、一九九八年、一四～五二ページ。

2　蟹江松雄『福山の黒酢　琥珀色の秘伝』農文協、一九八九年。

3　『現代農業』六月号、農文協、二〇〇三年、五六～九三ページ。

4　孫太権・李知彦・全相国・李相哲「異なる肥料水準における木酢液と木炭の混合物の土壌処理が水稲生育に及ぼす影響」『日本作物学会紀事』72（3）、三四五～三四九ページ。

5　利　繁『食酢の科学』「生活の科学シリーズ21」財団法人科学技術教育協会出版部、一一～三二ページ。

6　飴山寛・大塚滋『酢の科学』「シリーズ《食品の科学》」朝倉書店、九二～九四ページ。

第2章
玄米黒酢を利用したイネ栽培

1、玄米黒酢で引き出すイネの力——生育・収量・品質の変化

第1章では玄米黒酢が作物の生育と収量、品質に及ぼす効果と、その仕組みを紹介した。本章では、玄米黒酢を生かして多収穫・高品質・健全な稲作をどう組み立てるかを考えていく。

まず、本節では玄米黒酢によってイネの持つ力がどのように引き出されるか、イネの育ちがどう変わるかをみて、実際栽培での活用につないでいこう。

(1) 生育相の変化

①苗質、苗の活力の向上

苗に玄米黒酢を施用したばあい、濃

表2－1　玄米黒酢処理7日後の苗の諸形質（2000年）

処理葉齢	倍率	草丈(cm)	葉齢	主茎直径(mm)	SPAD値	乾物重(mg)
1葉	対照	10.1	3.0	1.64	—	8
	400倍	10.1	3.1	1.79	—	9
	700倍	10.5	3.1	1.84	—	10
	1000倍	9.98	3.1	1.82	—	10
2葉	対照	12.7	4.0	2.22	—	18
	400倍	14.1	4.0	2.48	—	21
	700倍	15.8	4.1	2.78	—	22
	1000倍	14.0	4.0	2.53	—	19
3葉	対照	23.2	5.1	3.43	25.5	36
	400倍	22.8	5.0	3.38	25.0	36
	700倍	22.5	5.1	3.39	26.3	37
	1000倍	23.3	5.0	3.41	27.3	40
4葉	対照	31.9	6.0	3.02	28.2	61
	400倍	29.7	6.0	2.93	26.8	73
	700倍	32.7	6.0	3.05	29.3	59
	1000倍	31.4	6.1	3.23	29.4	69

SPAD値（スパッド値）は葉色の濃さ（葉緑素量）を示し，ミノルタの葉緑計で測定した

表2－2　移植7日後の苗の諸形質（2000年）

処理葉齢	倍率	草丈(cm)	葉齢	主茎直径(mm)	SPAD値	乾物重(g)	
						地上部	地下部
1葉	対照	26.0	5.0	2.97	19.1	36	13
	400倍	24.9	5.0	3.20	18.2	35	10
	700倍	24.0	5.0	3.14	22.1	36	16
	1000倍	25.0	5.0	3.11	21.6	—	—
2葉	対照	36.5	6.1	4.11	29.6	75	25
	400倍	35.3	6.3	4.17	32.6	90	26
	700倍	37.6	6.3	4.31	31.0	98	28
	1000倍	37.2	6.2	4.34	30.2	81	21
3葉	対照	32.2	6.5	4.08	29.8	111	25
	400倍	35.2	6.6	4.15	31.5	134	33
	700倍	36.6	6.6	4.27	31.2	142	33
	1000倍	36.1	6.5	4.11	29.6	137	36
4葉	対照	41.2	7.4	5.75	30.2	175	54
	400倍	40.8	7.4	5.75	31.0	213	76
	700倍	41.8	7.5	6.03	30.2	236	44
	1000倍	40.8	7.2	5.86	30.4	213	42

度や苗の生育程度によって、さまざまな効果がみられる。表2－1は、各葉齢に散布して七日後の形質を調べたものである。第一葉（不完全展開葉）抽出完了時に玄米黒酢を散布したばあい、茎の直径が大きくなり、また第二葉鞘《ようしょう》長が短くなって、全体的に〝ずんぐり〟とした苗になる。これらの効果には、玄米黒酢の散布濃度による違いはなかった。

第二葉展開時に散布すると、草丈、茎の直径とも大きくなった。その効果は、玄米黒酢七〇〇倍希釈で処理したばあいに顕著であった。第三葉、第四葉展開時に散布したばあい、形態的には大きな変化はなかったが、葉色の濃さ（葉緑素含量）を示すS

図2－1　茎数の推移

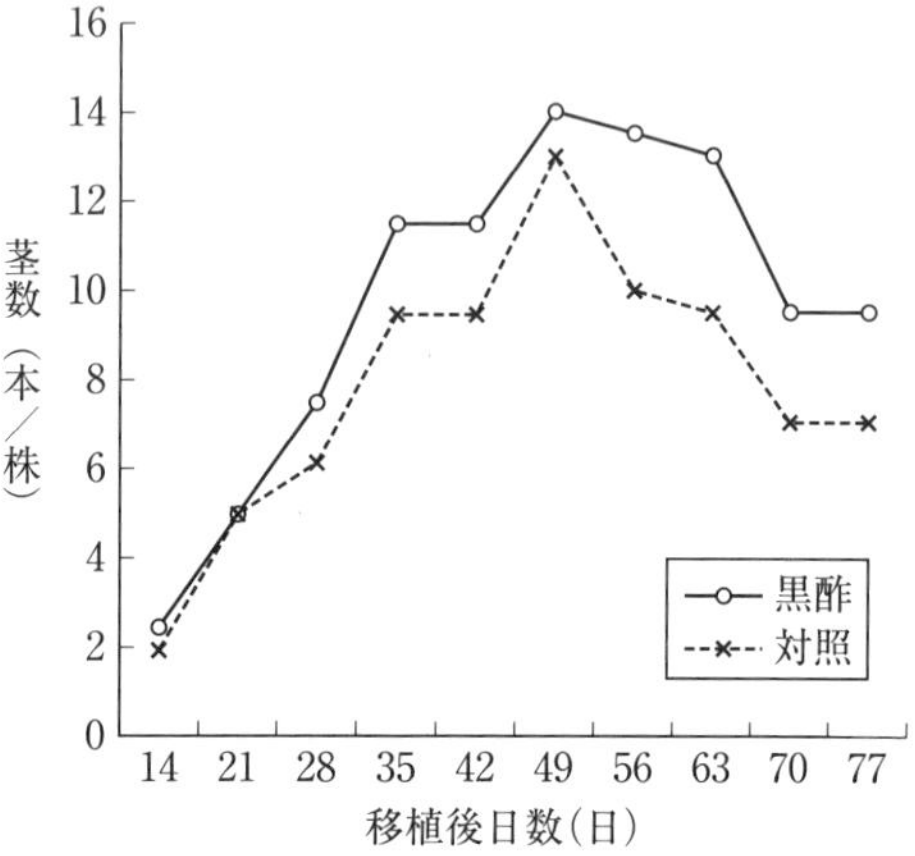

玄米黒酢処理：移植後22，44，52，68日目（計4回）に，700倍液を葉面散布

ＰＡＤ値（スパッド値）が低濃度で処理したばあいに大きくなった。

これらの苗について、移植七日後の諸形質を調査したのが表2-2である。第一葉抽出完了時に散布した苗は、草丈が小さく、茎の直径が大きくなった。第二葉展開時処理では、茎の直径が大きくなり、また、ＳＰＡＤ値が高くなった。第三葉展開時処理では、草丈が高くなった。また、第二葉展開時処理と同様、ＳＰＡＤ値が上昇した。

第一葉、第三葉展開時に処理したばあい、最長根長が大きくなった。第二葉展開以降の処理で、地上部、地下部乾物重が玄米黒酢の散布によって大きくなった。

以上から、良好な効果を得るには適した時期に適した濃度で散布する必要があり、第二、三葉展開時に、四〇〇倍もしくは七〇〇倍液を散布するのが適当ではないかと判断される。

②分げつの促進と有効茎歩合の向上

玄米黒酢をイネに葉面散布することによって、分げつの発生が増加する。図2−1は、分げつ期二回、幼穂形成期一回、減数分裂期一回の各時期に七〇〇倍液を葉面散布して効果をみたものである。分げつ初期からその効果は確認でき、分げつ盛期になると、その効果はより顕著になる。

最高分げつ数は対照区とほぼ同じであるが、最高分げつ期以降の分げつ数の減少程度は対照区に比べて小さい。つまり、玄米黒酢を散布したイネでは、分げつ、特に有効茎になりやすい生育初期の分げつを多く発生し、有効茎歩合を高めることによって、最終的に穂数が増加する。

③倒伏の軽減

玄米黒酢を施用することによって、倒伏が軽減されると言われている。

表2−3は、葉面散布し、出穂期における茎一本の短径と長径（茎横断面の楕円形の短いほうを短径、長いほうを長径という）、一株の押し倒し抵抗値をみたものである。玄米黒酢を葉面散布したイネでは、すべての項目で対照区を上回っていた。つまり、玄米黒酢を散布することによって茎が太くなって強度が増し、倒伏に対する抵抗性が向上する。

また、前章で述べたように、玄米黒酢に含まれるアミノ酸は根の生長

表2−3　湛水直播での出穂期の倒伏関連形質（2003年）

	短径（mm）	長径（mm）	押し倒し抵抗値（g）
対照	4.8	5.9	754
黒酢	4.9	6.9	938

（1）玄米黒酢処理：6月30日，7月15日，8月2日に200倍液を葉面散布した

（2）地際より約5cmの部分の茎を測定

図2－2　光合成速度の推移（最上位完全展開葉）

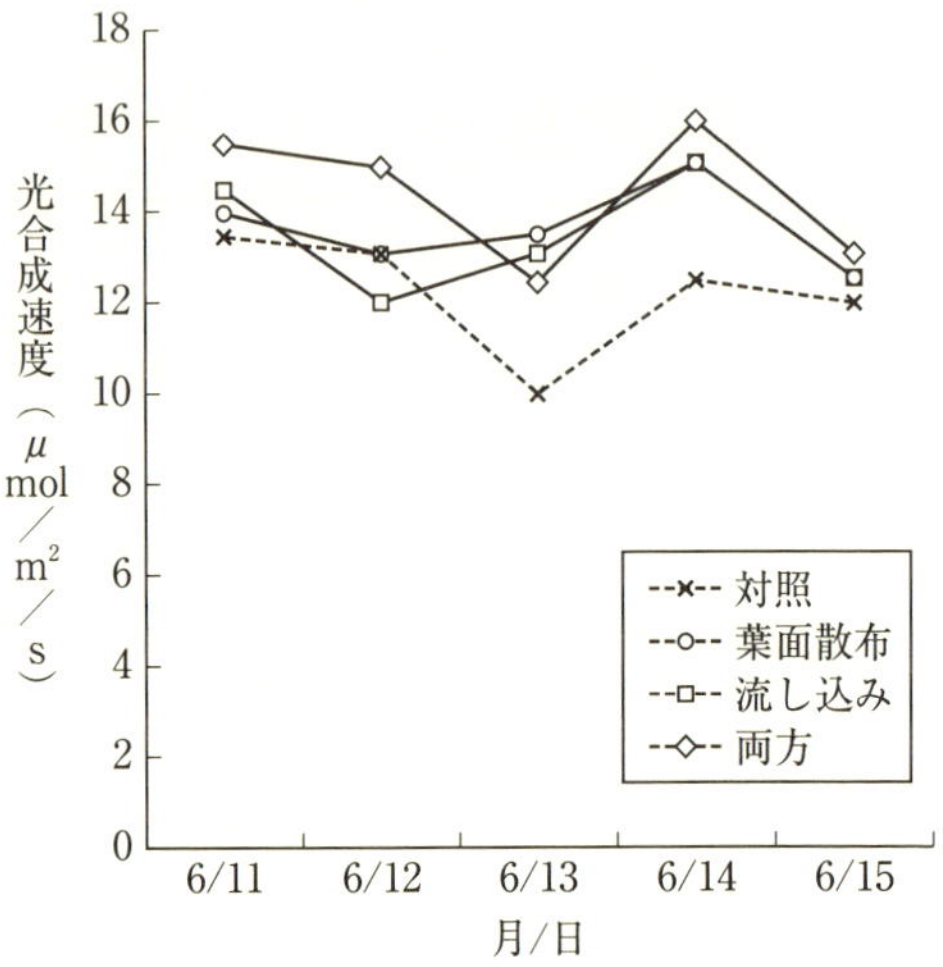

玄米黒酢処理：分げつ初期の6月9日に玄米黒酢700倍液を処理

を促す作用もしている（31ページ）。この効果で根張りが良くなることも耐倒伏性の向上に寄与していると思われる。表2－3の結果は玄米黒酢を葉面散布したばあいのものであるが、玄米黒酢による倒伏軽減効果は、葉面散布よりも流し込みではっきりとみられると言われている。それは、根系が大きくなり、支持力が増すからである。

(2)　高まるイネの生産能力

①光合成の促進効果は一週間持続

第1章で述べたように、玄米黒酢を植物体に施用すると、酢酸やカリウム（K）の働きによって、光合成が促進される。図2-2はその効果について検討したもので、分げつ初期の六月九日に玄米黒酢七〇〇倍液を施用した翌日から、光合成速度が上昇した。また、葉面散布と流し込みの二とおりの施用方法を比較したばあい、どちらの方法でも対照区を上回り、葉面散布が流し込みよりもわずかに高く推移した。

玄米黒酢の施用によってみられる光合成の促進は、約一週間で差がなくなり、長期間にわたって持続するものではなかった。

②貯蔵養分の蓄積と登熟期の光合成能力の維持

図2－3　出穂期における器官別乾物重

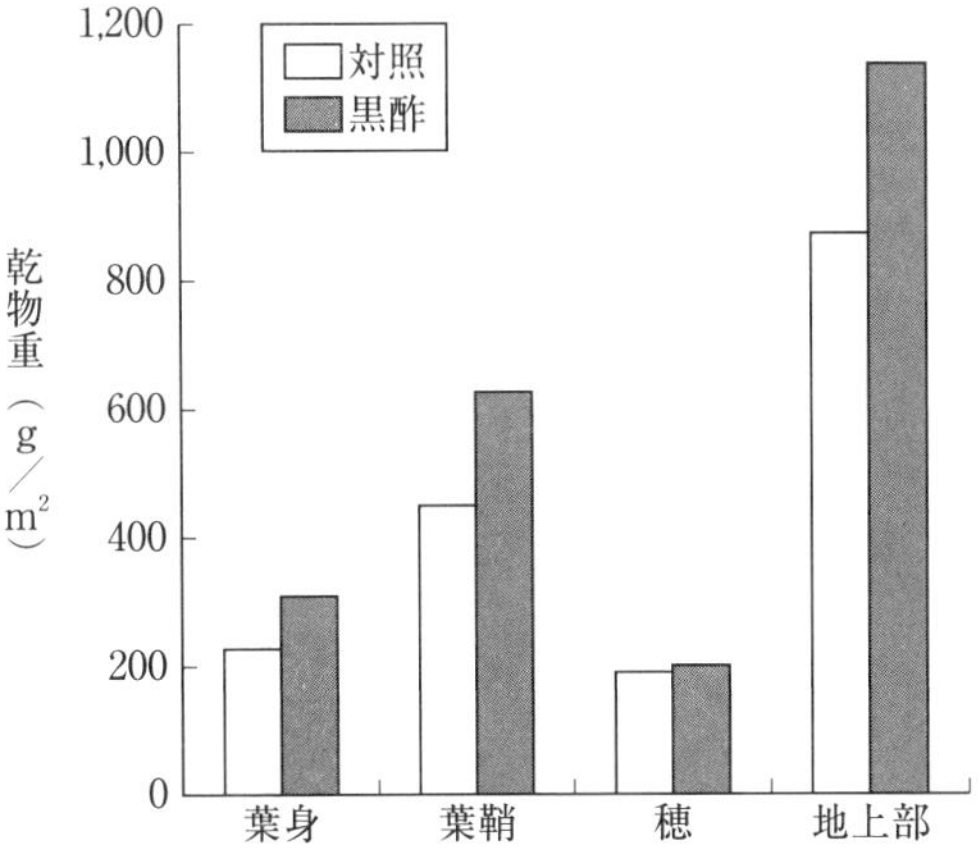

玄米黒酢処理：図2－1に準じる

玄米黒酢を葉面散布したイネは、分げつ数が増加し、その結果、地上部乾物重が増加する。図2－3～2－5は、図2－1と同じ四時期に七〇〇倍液を処理して、その効果をみたものである。地上部乾物重は生育期間全体を通して対照区よりも高く推移する。

出穂期の地上部乾物重で注目すべきは、特に葉鞘の乾物重が大きいことである（図2－3）。この時期に葉鞘の乾物重が大きいことは、穂に転流するための一時的貯蔵同化産物が多く蓄積されていることを示している。登熟期になっても乾物重は高く維持

図2－4　登熟中期における器官別乾物重

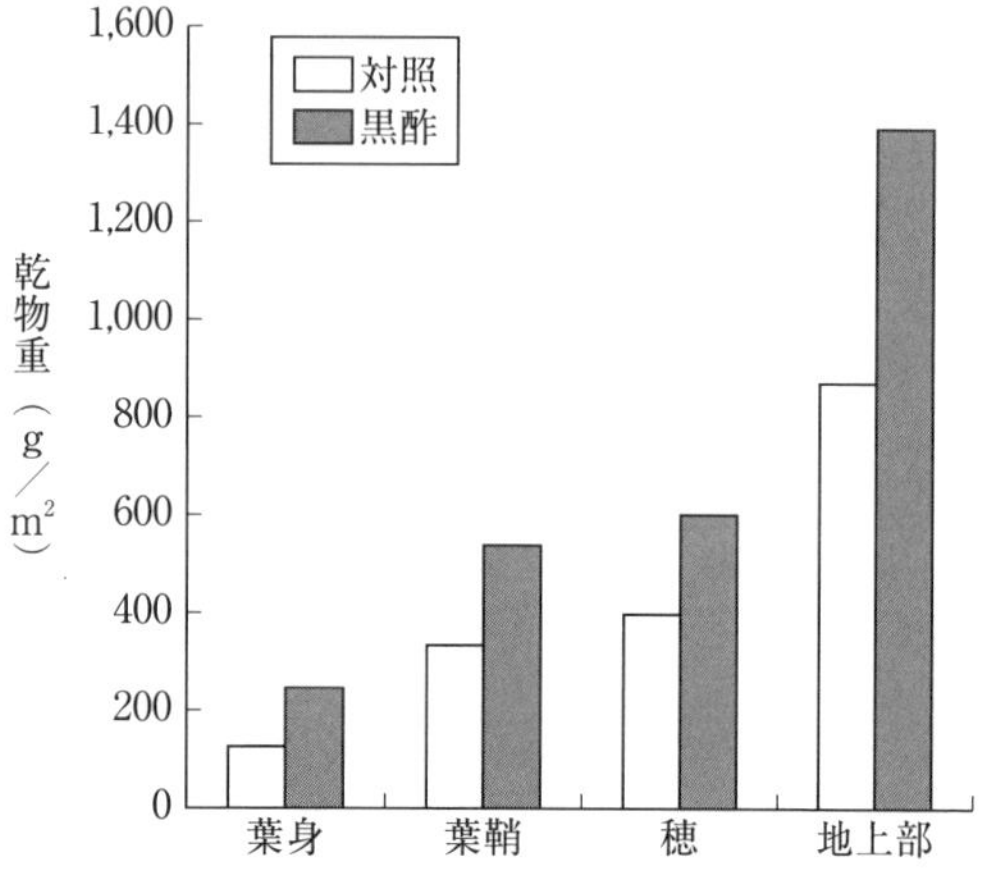

玄米黒酢処理：図2－1に準じる

図2－5　登熟後期における器官別乾物重

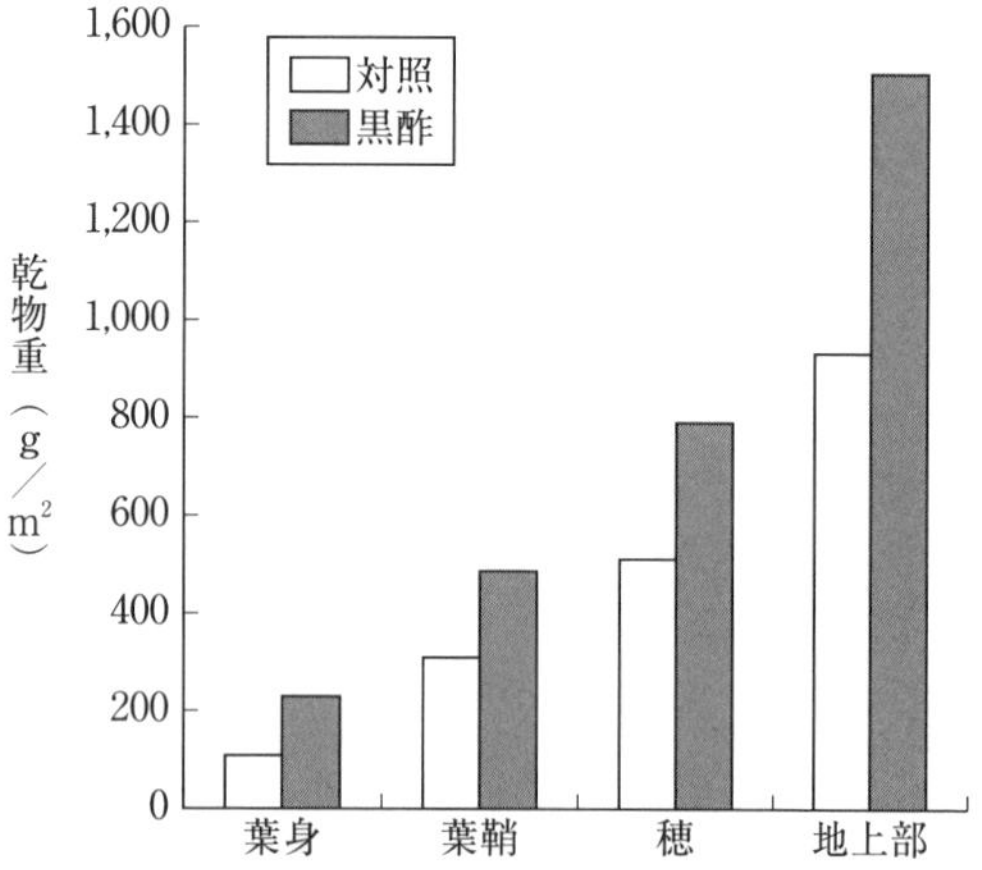

玄米黒酢処理：図2－1に準じる

されており、特に葉身の乾物重が中期から後期になっても高く維持されている（図2－4、2－5）。これによって、登熟期を通して高い光合成能力は維持されていることがわかる。出穂前に多量の同化産物を蓄積し、それを穂に転流すること、また出穂後の光合成能力をより長く維持することで、登熟が効果的に行なわれると考えられる。

図2－6　各処理による根の状態（1997年）

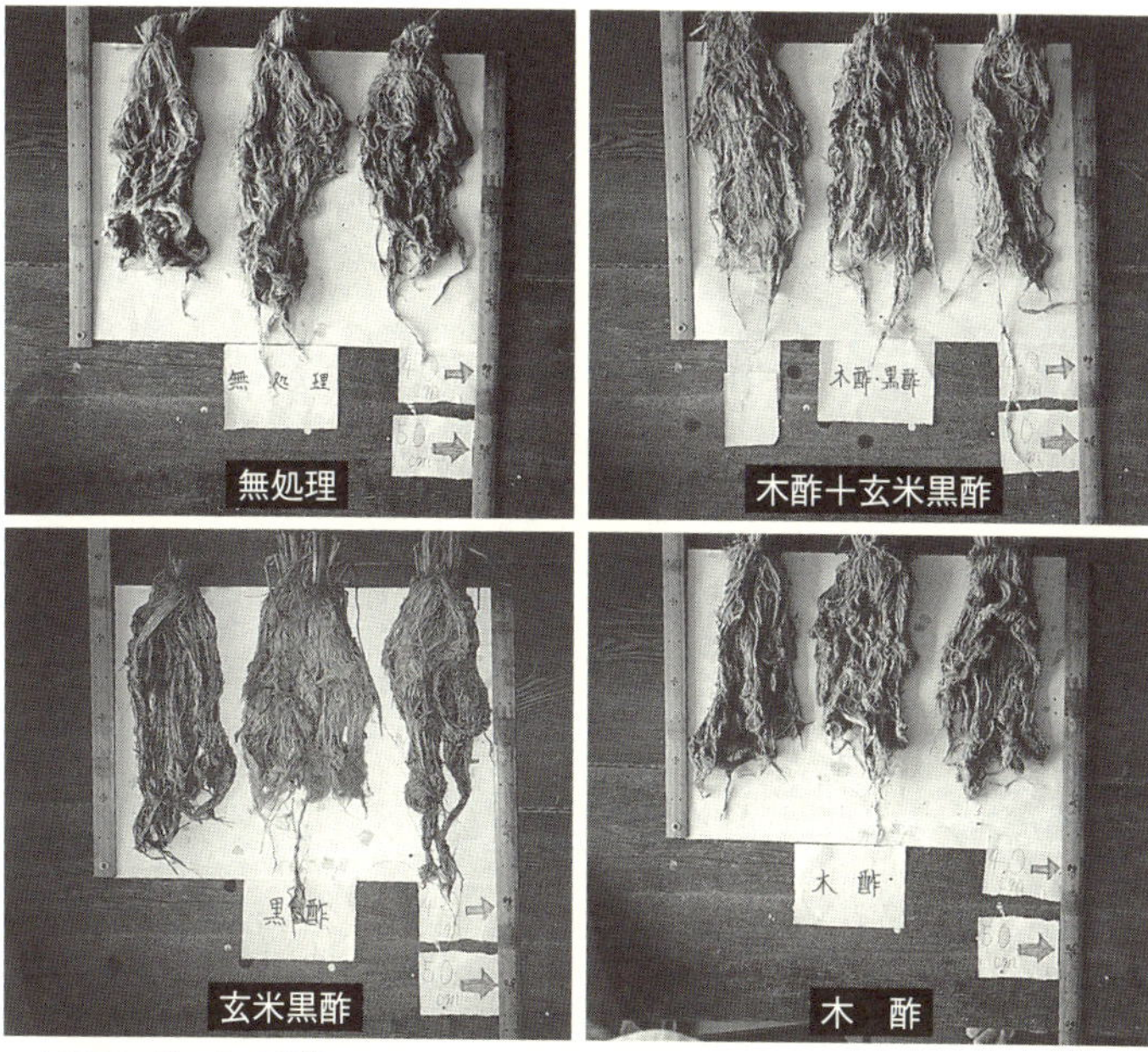

1/2000aポットで栽培
上の矢印40cm，下の矢印50cm
すべて500倍液で，分げつ期2回と幼穂形成期に散布
根長は木酢が一番短く，根数は玄米黒酢が比較的多いことがわかる

根の乾物重も、玄米黒酢の葉面散布によって増加する。長さと数が増し、根系が大きくなる。根に対しては、前述したアミノ酸効果のほか、玄米黒酢に含まれる酢酸をはじめとする酸成分には、発根や根の伸長を促進する作用があると言われている。玄米黒酢を施用したばあいの根の乾物重の増加もその効果によるものと思われ、それが分げつの有効化や光合成速度の上昇、生育終盤の地上部の活力維持などに大きく関わっているも

図2−7　登熟中期(8月31日)における窒素蓄積量

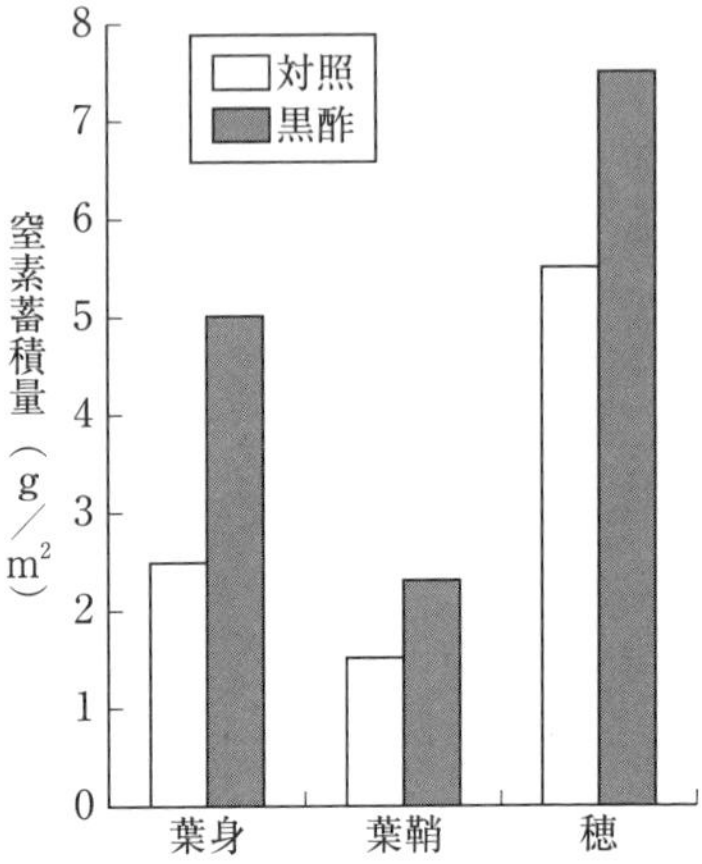

玄米黒酢処理：図2−1に準じる

のとみられる。

③登熟に向けて窒素が有効に働く

玄米黒酢の施用によって乾物重が増加するとともに、窒素蓄積量も高まる。玄米黒酢を施用したイネは乾物重が増加するにもかかわらず、窒素含有率は低下しない。そのため、窒素蓄積量は図2−7に示すように、各器官で対照区を上回り、乾物重よりも大きな差となって現われる。

部位別の窒素蓄積量をみると、乾物重と同様で、出穂期までは葉鞘、登熟期は葉身が高い。つまり、出穂までは貯蔵同化産物を多く蓄積し、出穂後は、葉緑素の分解をおさえて光合成能力を長く維持しているといえる。

④いもち病などへの抵抗力が高まる

玄米黒酢を施用すると、分げつ数の増加や光合成能力の向上など、窒素肥料を施したような効果が得られる。しかし、窒素を過剰に与えると、植物体が急速に大きくなり、糖やデンプンの消費も激しくなる。その結果、根に送られる炭水化物が不足し、根の活性が低下する。植物体が軟弱になることで、虫害や病原菌に対する抵抗力が低下することになる。

しかし、玄米黒酢のばあい、前述の効果を得ながら、根の活力も同時に高める。また、玄米黒酢を散布すると、実際に葉身が硬くなるとも言われている。つまり、玄米黒酢を施用することによって、植物体そのものが丈夫になり、虫害やいもち病などの病害への抵抗力が増すと考えられる。

(3) 収量増加と高品質の実現

①収量構成要素の成り立ちの特徴

玄米黒酢を施用したイネは、分げつ数が増加し、有効茎歩合を高く保つことによって、穂数が増加する。

一般にイネでは、栽培環境の変化によって収量構成要素が変動し、収量の均平化が起こる。たとえば、穂数が増加すれば一穂あたりの籾《もみ》数は減少する。このように、収量構成要素間には、あちら立てればこちら立たずという拮抗関係がみられる。

しかし、玄米黒酢を施用したばあい、表2－4に示すように、穂数が増加しても一穂籾数が大きく低下することはなく、単位面積あたりの総籾数は増加する。

表2－4　収量と収量構成要素

	収量 (g/m²)	穂数 (本/m²)	1穂籾数 (粒/穂)	登熟歩合 (%)	千粒重 (g)
対照	582	396	70	89.2	21.4
黒酢	731	444	93	87.5	21.2

玄米黒酢処理：図2－1に準じる

図２－８　玄米黒酢，木酢，玄米黒酢＋木酢処理区の登熟期の様子

(1) 玄米黒酢区は穂数が多く木酢区は穂数が少なかった
(2) 処理は図２－６に準じてコンクリーポットで行った

そして、総籾数が増加しても、登熟歩合や玄米千粒重は対照区とほぼ同じに維持されるために、結果として収量が増加する。

図２－８は玄米黒酢、木酢、玄米黒酢＋木酢を処理した場合の登熟期の生育である。

葉の緑は光合成と密接に関係している。無処理の対照に比べてどの処理区も濃く、最も濃かったのは玄米黒酢＋木酢と木酢、次が玄米黒酢、最もうすかったのが無処理であった。また、収量と最も関係深い穂数については、玄米黒酢と玄米黒酢＋木酢が多い傾向にあり、木酢と無処理がほぼ同じであった。

②食味と窒素含有率の関係

米を炊くとき、心《しん》まで水が均一にゆきわたる米がおいしいと言われている。

表2－5　精白米中の窒素と脂質含有率（移植のばあい）

処理区	窒素(%)	脂質(%)	収量(g/m^2)
対 照	0.88	0.55	582
700倍	1.14	0.41	731
500倍	0.97	0.38	644
400倍	0.94	0.47	638

(1) m^2あたり60株で，5月21日に葉齢5～6の苗を移植
(2) 玄米黒酢処理：図2－1に準じる

表2－6　精白米中の窒素，アミロース，脂肪酸の含有率（乾田直播のばあい）

処理区	窒素(%)	アミロース(%)	脂肪酸(%)	収量(g/m^2)
対 照	0.97	19.7	18.6	398
700倍	0.92	19.6	18.0	319
200倍	0.94	19.5	17.4	455
50倍	0.96	19.7	19.1	328

(1) m^2あたり60株で，4月24日に乾田直播
(2) 玄米黒酢処理：6月29日（分げつ初期），7月27日（幼穂形成期）と8月6日（減数分裂期）の3回

表2－5と表2－6は、玄米黒酢を施用したイネの食味要因について検討したものである。食味の指標の一つである玄米中の窒素含有率は、玄米黒酢を施用したイネで直播では低下し、移植では少々高まるが、食味が悪くなる（約一・二％）ほどではなかった。

玄米黒酢を施用したイネは、植物体内の窒素蓄積量が増加し、光合成などの活力が高まる。窒素肥料を与えたときもこのような効果が得られるが、与えすぎたばあいは玄米中の窒素含有率が高くなり、食味の低下を招く恐れがある。しかし、玄米黒酢のばあい、植物体内の窒素量を高めても食味にはあまり影響を与えず、むしろ改善される。玄米黒酢にはうまみをつくるアミノ酸が豊富なことが、窒素含有率の数値だ

図2−9　異なる栽植密度における茎数の推移

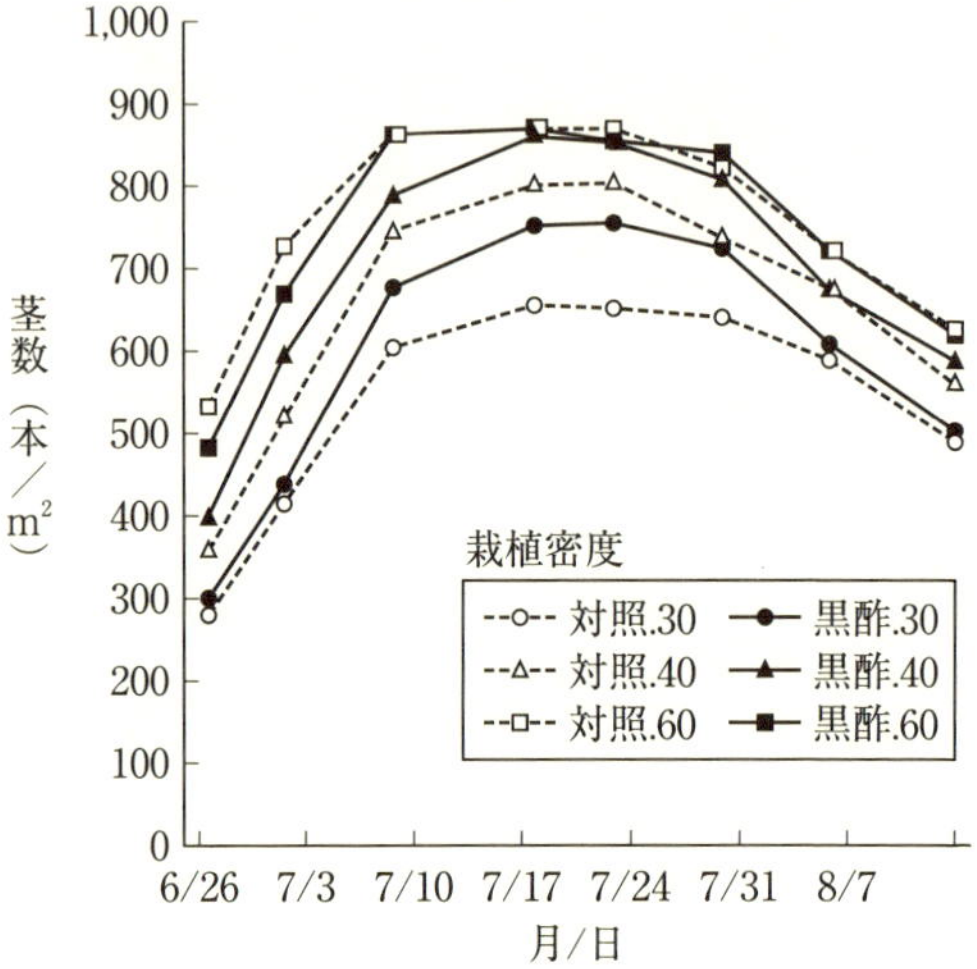

(1)　30，40，60はm^2あたりの株数を示す
(2)　玄米黒酢処理：6月30日，7月15日，8月2日の3回，200倍液を処理する

表2−7　栽植密度別の収量と収量構成要素（2003年）

処理区	収量 (g/m^2)	穂数 (本/m^2)	1穂籾数 (粒/穂)	登熟歩合 (%)	千粒重 (g)
対照.30	506	404	71	84.5	21.0
黒酢.30	540	439	73	81.1	20.8
対照.40	471	404	69	81.1	20.9
黒酢.40	503	461	72	74.6	20.6
対照.60	466	455	63	79.8	20.4
黒酢.60	518	537	60	76.6	20.9

30，40，60はm^2あたりの株数を示す
玄米黒酢処理：図2−9に準じる

けでは測れない食味をつくっているといえる。また、脂質は炊飯時に水の通りを妨げて食味を落とす要因となるが、その含有率も玄米黒酢の施用によって低下していた。

(4) 栽植密度による効果の違い

一般にイネは、栽植密度によって分げつ数、根量とその分布などに変化がみられ、たとえば株あたり分げつ数は、栽植密度が低いほど多く、密度が高いほど少ない。玄米黒酢の効果のひとつに分げつ数の増加があるが、栽培環境によって分げつの発生が促進または抑制されるイネに対して、玄米黒酢がどのような働きをするのか、湛水直播したイネについて検討した。

図2-9、表2-7は、生育の三時期に二〇〇倍液を葉面施用して効果をみたものである。平方メートルあたり分げつ数は、玄米黒酢を施用した区が多く、栽植密度が低いほど、その差が大きかった。収量についてみると、六〇株／m²までは、玄米黒酢による収量の増加がみられた。これら以外に図2-12、表2-8のように四〇株、六〇株、八〇株についても検討したが、

図2－10　栽植密度をかえて湛水直播したイネに玄米黒酢を葉面散布してその効果をみている圃場の全景（2003年6月27日）

図2－11　栽植密度と玄米黒酢の効果試験での初期生育（2003年6月27日）

①30株/m^2玄米黒酢区
株がかなり開張しており、分げつ茎もガッチリ育っている

②30株/m^2対照区

③40株/m^2玄米黒酢区

④40株/m^2対照区

⑤60株/m^2玄米黒酢区
⑥の対照区に比べ茎数がやや少ないせいかスッキリしている

⑥60株/m^2対照区

図2－12　湛水直播によるm^2あたり茎数の推移（2002年）

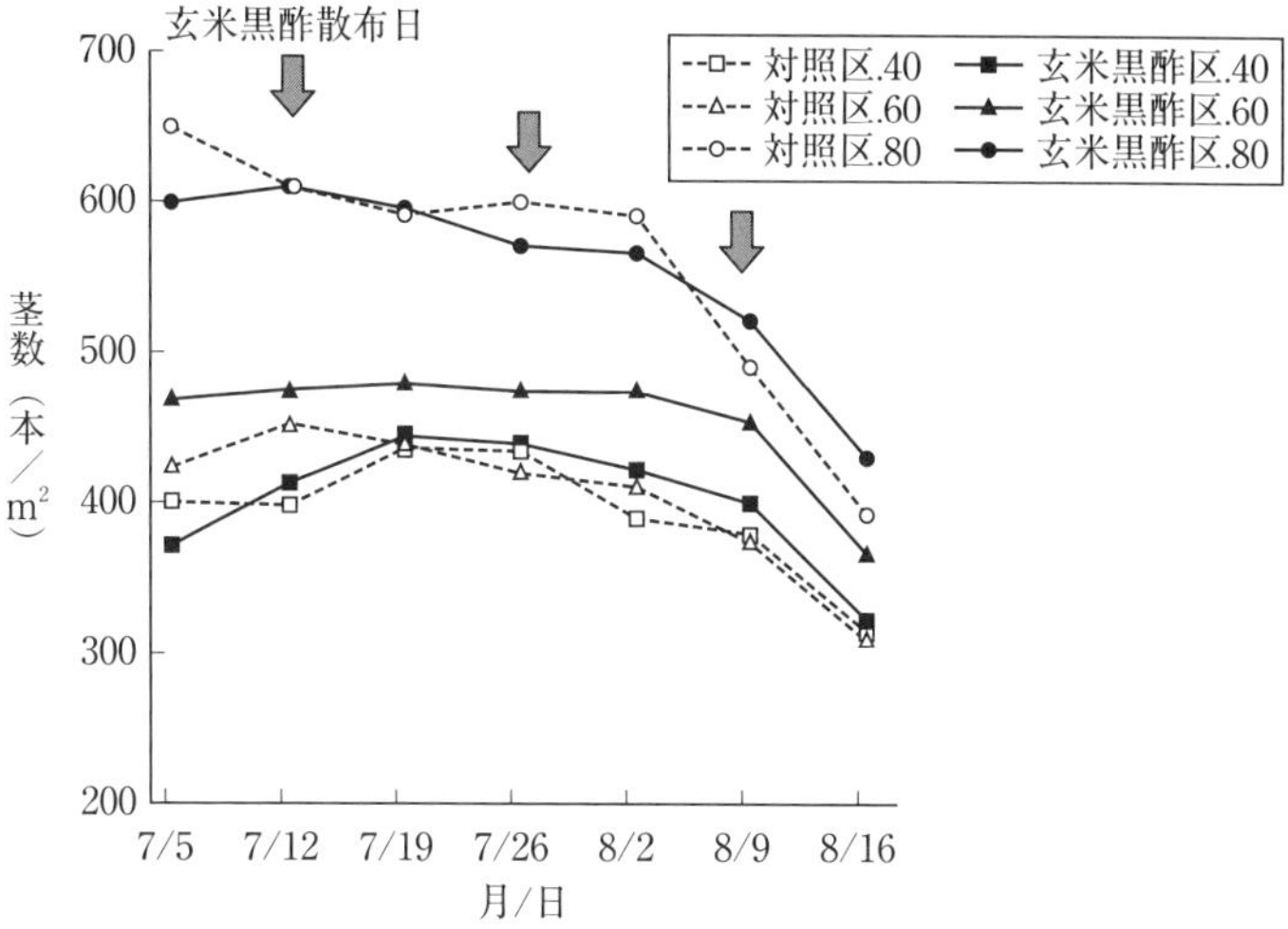

玄米黒酢処理：700倍液を，7月13日，7月27日，8月7日の3回散布した

表2－8　湛水直播による収量と収量構成要素（2002年）

処理区	収量	穂数	籾数	1穂籾数	登熟歩合	千粒重	枝梗数	
	(g/m^2)	(本/m^2)		(粒/穂)	(%)	(g)	1次	2次
対照区.40	475^{ab}	443^{a}	28,698^{ab}	74^{a}	83.3^{ns}	20.0^{ab}	10.0^{a}	12.8^{ab}
玄米黒酢区.40	531^{a}	385^{ab}	33,448^{a}	76^{a}	81.6	19.7^{b}	10.5^{a}	13.1^{a}
対照区.60	425^{bc}	390^{ab}	26,183^{bc}	66^{b}	82.7	20.1^{a}	9.0^{b}	11.0^{b}
玄米黒酢区.60	446^{b}	454^{a}	27,634^{ab}	62^{bc}	81.6	19.8^{b}	9.1^{b}	8.8^{c}
対照区.80	335^{cd}	340^{b}	20,320^{cd}	60^{bc}	83.0	20.0^{ab}	8.9^{b}	8.5^{c}
玄米黒酢区.80	305^{d}	320^{b}	18,225^{d}	58^{c}	85.1	19.8^{b}	8.7^{b}	8.1^{c}

同一アルファベット間には5%水準で有意差がないことを示す
玄米黒酢散布：図2－12に準じる

六〇株以上については分げつ数、収量とも玄米黒酢の効果はみられなかった。したがって、玄米黒酢の効果が得られるのは六〇株／m^2までであると考えられる。

(5) 直播イネに対する効果

①分げつ増加の進み方

直播栽培では、芽出しした種籾を播種に用いるのが一般的である。その芽出しの際、玄米黒酢の希釈液に浸したばあい、苗立ちがよく、その後の初期生育が旺盛になる。

直播栽培でも、移植栽培と同様、玄米黒酢を葉面散布することによって分げつ数が増加する。しかし、その推移は移植栽培とはやや異なり、平方メートルあたり三〇株、四〇株では、黒酢処理で茎数の増加がみられるが、六〇株ではほとんど同じで増加はみられない。これは、三〇、四〇株の疎植では分げつに栄養が使われるが、六〇株の密植では分げつに使う余力がないことと関係しているものと思われた。

移植栽培の場合、玄米黒酢を散布すると、分げつ初期の分げつ数が増加するが、中期から後期にかけての増加は小さく、最高分げつ数は対照区とほぼ同じになる（44～45ページ参照）。直播栽培のばあいは、図2－12のように分げつ期を通して分げつ数の増加がみられるため、最高分げつ数も対照区を上回り、全体的に高い推移を示す。そのため、最高分げつ期以降の分げつ数の減少程度は大きくなるが、有効茎歩合は対照区と同程度に維持され、その結果、穂数が増加する。

②収量構成要素への影響

収量構成要素への影響についても、表2－8の四〇株にみるように移植栽培とはやや異なる。一般に直播栽培のイネの穂は移植栽培のそれよりも小さい。そのため、直播栽培の収量は穂数の影響を強く受ける。直播栽培のイネに玄米黒酢を散布すると、移植栽培と同様に、分げつ数の増加によって穂数が増加する。移植栽培では一穂籾数も多くなり、籾数の増加に寄与した。直播栽培では、一穂籾数は増加はしないが、対照区と同じくらいになる。登熟歩合、玄米千粒重はやや低下するものの、穂数の増加によって籾数が増加することで収量が増加する。

2、イネへの玄米黒酢の使い方

(1)　葉面散布か流し込みか

玄米黒酢の施用には、葉面散布と流し込みの二とおりの方法がある。それら二とおりの方法を別々に行なったばあいと、両方を行なったばあいでの、玄米黒酢の効果を七〇〇倍液を用いて比較検討し

図2−13　葉面散布，流し込みおよび両処理の組み合わせにおける茎数の推移

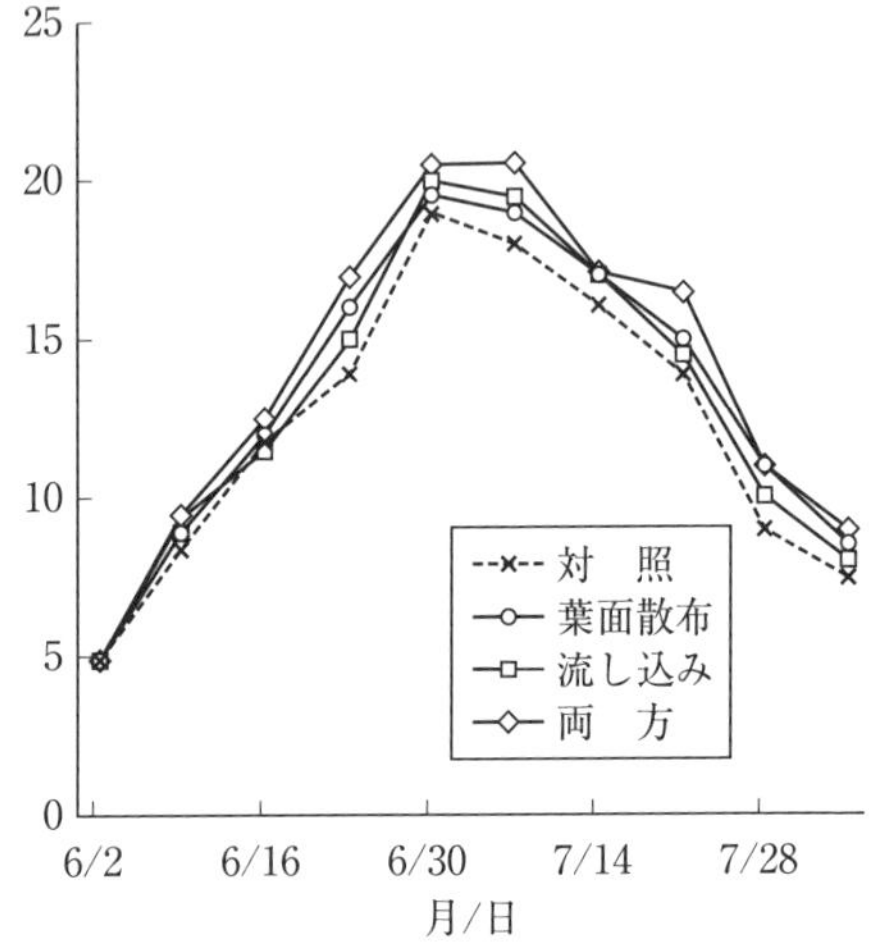

玄米黒酢処理：6月10日(分げつ初期)および7月26日(穂ばらみ期)に，700倍液を処理

た。処理時期は、六月十日と七月二十六日である。

分げつ数は、葉面散布、流し込みとも対照区より高く推移し、その両方を行なった区がもっとも高く推移した（図2−13）。次いで、葉面散布、流し込みの順で高かった。出穂期の乾物重は、地上部、地下部とも玄米黒酢施用によって、対照区よりも高くなった（図2−14）。葉面散布では地上部、流し込みでは地下部の乾物重が特に高まった。

収量は、両方行なった区、葉面散布、流し込みの順で高く、いずれも対照区よりも高かった（表2−9）。同じ濃度で比較したばあい、流し込みよりも葉面散布のほうがより大きな効果が得られた。

(2)　施用時期をいつにするか

①分げつ期の施用時期

分げつ数を確保するためには、どの時期の玄米黒酢の施用が効果的かを明らかにするために、分げつ期に集中した施用試験を行なった（表2–10、2–11）。分げつ期を初期、中期、後期の三期に分けて、中期区（T1）、初期＋中期区（T2）、中期＋後期区（T3）、初期＋中期＋後期区（T4）に

図2－14　葉面散布と流し込みにおける出穂期の株あたり乾物重

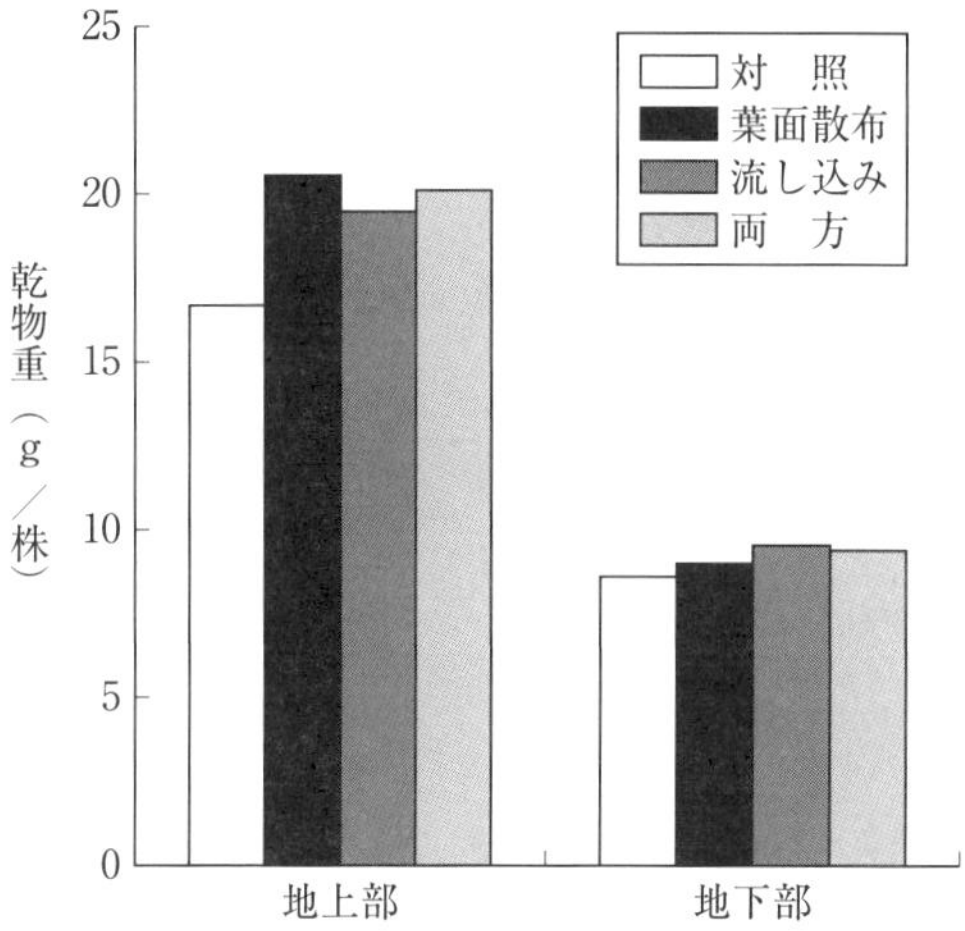

図2－13と同一の試験

表2－9　葉面散布と流し込みの収量比較

処理区	収量 (g/m^2)	穂数 (本/m^2)	1穂籾数 (粒/穂)	登熟歩合 (%)	千粒重 (g)
対　照	403	6.9	63.6	79.7	19.2
葉面散布	497	7.7	70.2	79.4	19.3
流し込み	430	7.7	67.3	78.5	19.1
両　方	511	7.8	70.4	80.3	19.3

図2－13と同一の試験

表2－10　葉面散布回数の違いと生育（最高分げつ期）

処理区	草丈(cm)	茎数(本/m^2)	LAI(m^2/m^2)	乾物重(g/m^2)
対　照	76.2	312	3.04	238
700倍T1	75.5	372	3.95	314
700倍T2	79.1	420	3.53	310
700倍T3	80.5	432	3.78	355
700倍T4	81.4	486	4.96	386

分げつ期を初期，中期，後期に分けたとき，
　T1は，中期のみ散布，
　T2は，初期と中期に散布，
　T3は，中期と後期に散布，
　T4は，初期と中期と後期に散布した
LAI：葉面積指数

表2－11　散布回数の違いと収量・収量構成要素

処理区	収量(g/m^2)	穂数(本/m^2)	1穂籾数(粒/穂)	登熟歩合(%)	千粒重(g)
対　照	448	314	82	88.5	20.0
700倍T1	513	339	90	89.6	19.3
700倍T2	511	369	84	87.8	19.0
700倍T3	552	395	85	87.2	18.9
700倍T4	546	360	89	88.7	19.5

表2－10と同一の試験

ついて比較調査をした。最高分げつ期での形態をみると、どの施用区も対照区を上回ったが、表2−10のように、草丈、茎数、葉面積指数（ＬＡＩ）、乾物重のすべての項目において、分げつ中期と後期を含む二つの区（Ｔ3、Ｔ4）が高かった。収量についても同様の二区が高くなった（表2−11）。したがって、分げつ期における玄米黒酢の施用は、重要であると思われた。

②分げつ期以後の施用時期

分げつ期以後の施用時期を検討するために、分げつ期（初期、後期）、幼穂形成―減数分裂期、出穂期の各時期に玄米黒酢を施用して調査した（表2−12）。分げつ数を確保するには分げつ期の施用は

必須であるが、分げつ後期の散布を除いた区（七〇〇倍Ⅰ区）、幼穂形成―減数分裂期を除いた区（七〇〇倍Ⅱ区）、出穂期を除いた区（七〇〇倍Ⅲ区）について検討した。収量は、すべての玄米黒酢施用区において対照区を上回ったが、出穂期を除いた区の収量がもっとも高かった。平方メートルあたりの籾数（平方メートルあたり穂数×一穂籾数）は出穂期を除いた区がもっとも多く、次いで幼穂

表2－12　散布時期の違いと収量・収量構成要素

処理区	収量（g/m^2）	穂数（本/m^2）	1穂籾数（粒/穂）	登熟歩合（%）	千粒重（g）
対　照	629	474	80	83.4	19.9
700倍Ⅰ	706	522	82	82.0	20.1
700倍Ⅱ	707	510	85	83.2	19.7
700倍Ⅲ	771	582	83	80.3	19.9

散布時期4回（分げつ初期，分げつ後期，幼穂形成期，出穂期）のうち1回は散布をしない

Ⅰは，分げつ後期に
Ⅱは，幼穂形成期に
Ⅲは，出穂期に
｝それぞれ葉面散布をしない

形成期を除いた区、分げつ後期を除いた区の順であった。このことから、まず幼穂形成期の施用によって穂の形成を助けて穂数を確保し、そして減数分裂期の施用によって一穂籾数を確保することが重要であると考えられる。出穂期を除いた区では、他区に比べて登熟歩合が低かった。このことから、出穂期の施用は、光合成能力を維持し、登熟をより良くすることに影響するといえる。収量の点からいえば、分げつ期、幼穂形成期、減数分裂期の三回の玄米黒酢施用が必要である。

③散布時刻

玄米黒酢の散布時刻が、朝、昼、夕方での効果の違いを検討した（図2―15、表2―13）。散布時刻は、分げつ期二回と幼穂

図2－15　散布時刻の違いと茎数の推移

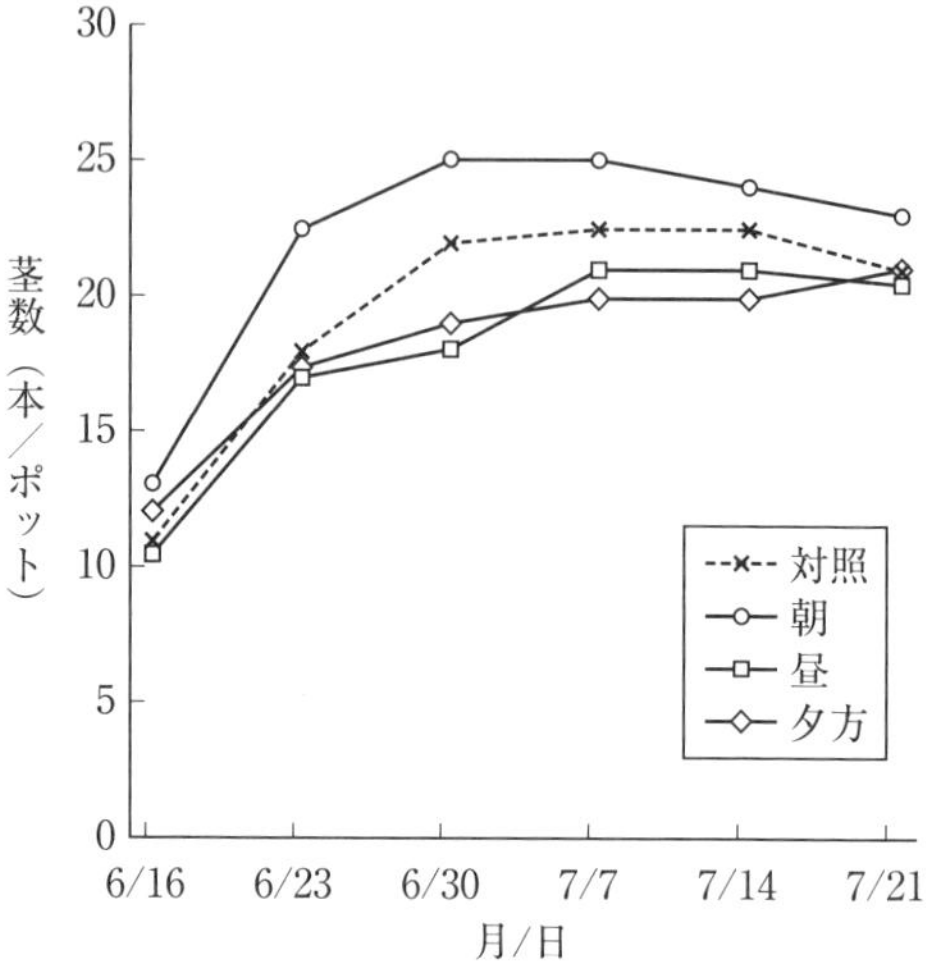

散布時期は分げつ期2回と幼穂形成期。晴天の日，9，12，16時に葉面散布した

表2－13　散布時刻の違いと収量・収量構成要素

処理区	精玄米重（g/株）	穂数（本/株）	籾数（粒/株）	登熟歩合（%）	千粒重（g）
対照	44.3	20.5	2,253	92.1	21.3
朝	51.6	22.8	2,537	94.0	21.5
昼	47.3	21.0	2,507	90.0	21.0
夕方	51.7	21.5	2,536	94.2	21.7

図2－15と同一の試験

形成期である。分げつ数は、朝に葉面散布したものがもっとも高く推移した。精玄米重は朝に散布したものと夕方に散布したものが高かったが、分げつ数の結果から、朝に散布することが望ましい。

(3) 施用濃度はどのくらいか

玄米黒酢の葉面散布の効果を異なる濃度、七〇〇倍、五〇〇倍、四〇〇倍の三段階で検討した（図2−16、表2−14）。散布時期は、分げつ期二回と幼穂形成期である。分げつ数は、すべての濃度で玄

図2−16　葉面散布濃度の違いと茎数の推移

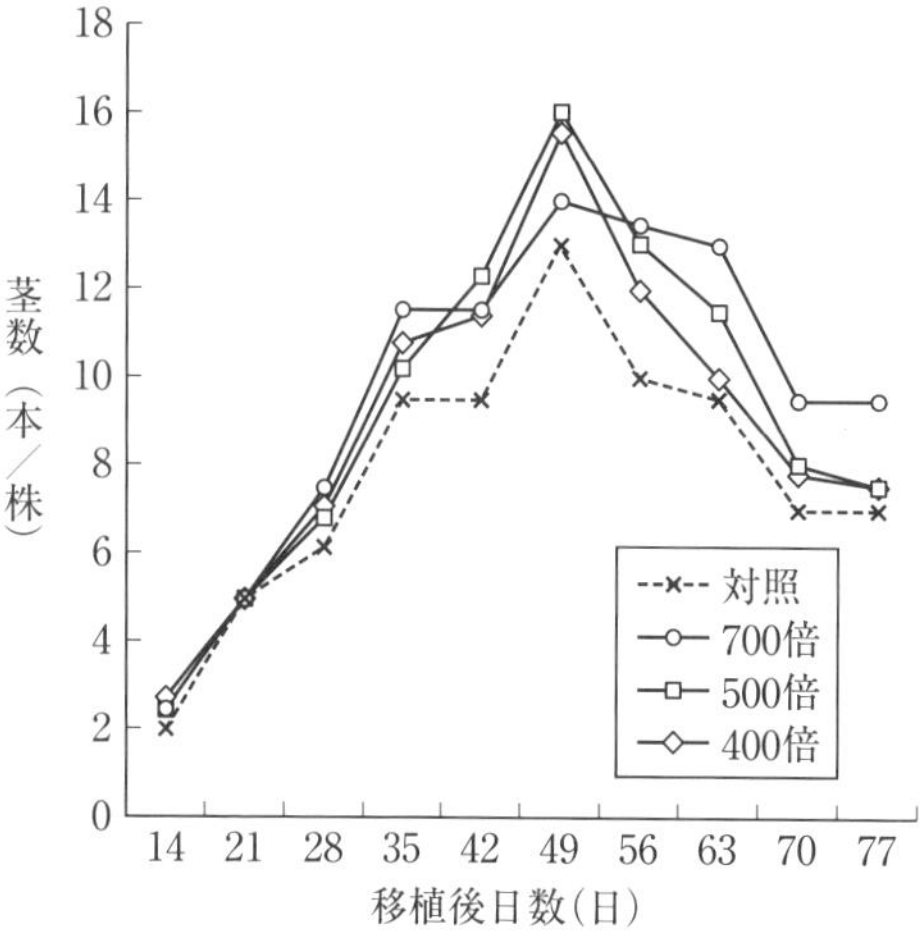

散布時期は分げつ期2回と幼穂形成期

表2−14　葉面散布濃度の違いと収量・収量構成要素

処理区	収量 (g/m²)	穂数 (本/m²)	1穂籾数 (粒/穂)	登熟歩合 (%)	千粒重 (g)
対 照	582	396	70	89.2	21.4
700倍	731	444	93	87.5	21.4
500倍	644	413	93	86.6	20.6
400倍	638	387	95	88.1	21.1

図2−16と同一の試験

図2－17　異なる濃度による流し込みにおける茎数の推移

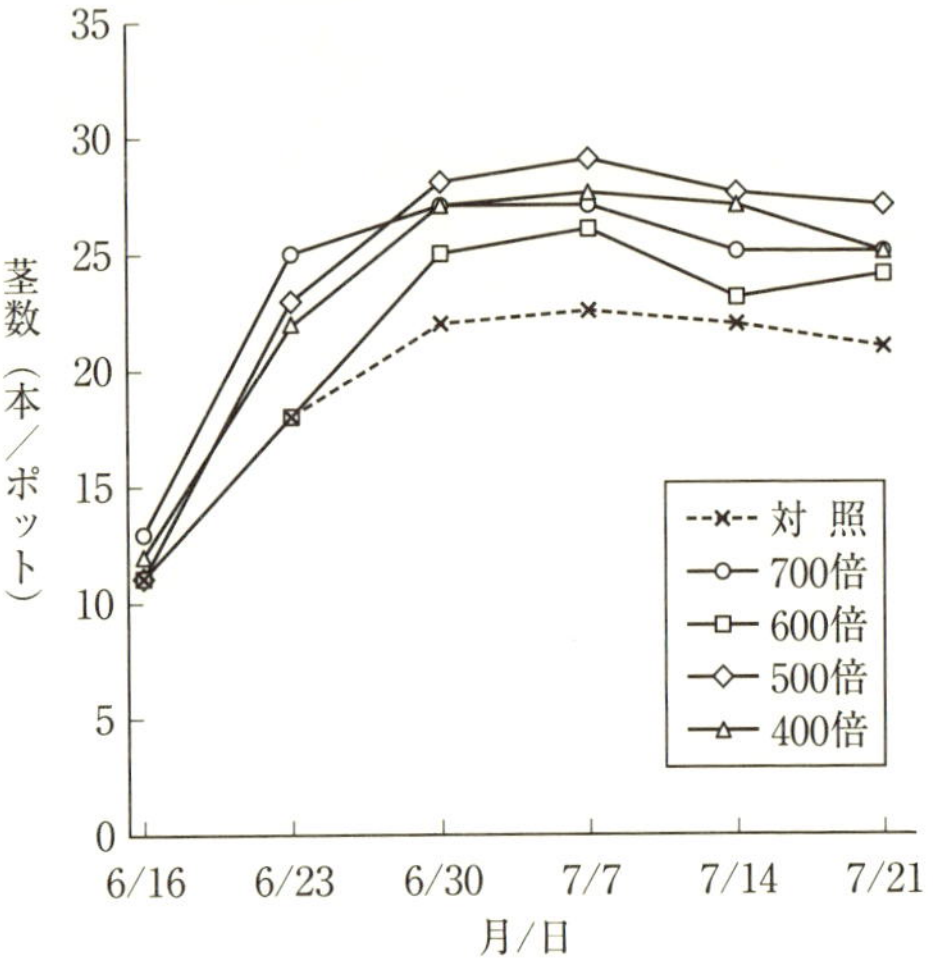

流し込みの時期は，6月9日（分げつ初期），6月30日（分げつ後期），7月10日（幼穂形成期）である

表2－15　異なる濃度の流し込みにおける収量と収量構成要素

処理区	精玄米重 (g/株)	穂数 (本/株)	籾数 (粒/株)	登熟歩合 (%)	千粒重 (g)
対照	44.3	20.5	2,253	92.1	21.3
700倍	49.5	22.5	2,413	93.9	21.9
600倍	46.2	22.8	2,444	92.2	21.1
500倍	51.2	25.0	2,436	94.5	21.7
400倍	45.5	23.0	2,424	90.9	21.1

図2－17と同一の試験

米黒酢を散布した区が対照区よりも高く推移した。最高分げつ期の手前までは七〇〇倍がもっとも高く推移したが、最高分げつ期では、五〇〇倍、四〇〇倍が七〇〇倍を上回った。その後の減少程度は、七〇〇倍がもっともゆるやかで、最高分げつ数が多かった五〇〇倍、四〇〇倍では大きく減少した。

収量は、有効茎歩合を高く保った七〇〇倍がもっとも高かった。穂数はその七〇〇倍がもっとも多く、ついで五〇〇倍、四〇〇倍の順であった（表2−14）。どの濃度でも、玄米黒酢を施用した区の収量は対照区を上回ったが、七〇〇倍がもっとも適した濃度であると考えられる。

玄米黒酢の流し込みによる効果を、異なる濃度で検討した（図2−17、表2−15）。分げつ数は、すべての濃度で玄米黒酢を施用した区は対照区よりも高く推移した。また、玄米黒酢の濃度が濃いほど高く推移した。精玄米重は、五〇〇倍区がもっとも高かった。したがって、流し込み施用のばあい、葉面散布よりも濃い五〇〇倍が望ましいと考えられた。

(4) 効果を上げる使い方——農薬との混合散布

まだ具体的に実証されてはいないが、玄米黒酢と農薬を混合散布すると、玄米黒酢の働きによって浸透圧が高まって農薬の吸収が良くなるのではないかと考えられている。もしそうであれば、混合散布することで、今までよりも少ない量の農薬で効果を得ることができることになる。

実際に、農薬をこれまでの半分の量に減らして玄米黒酢と混合散布している農家もあり、農薬の投入量を減らす有効な手段としておおいに期待される。今後の詳細解明が強く望まれる課題の一つである。

3、玄米黒酢を利用したイネ栽培

(1) 元肥の量と追肥の考え方

玄米黒酢を施用すると、光合成が活発になり、地上部が大きくなって、まるで窒素肥料を施したような効果がみられるが、それで窒素肥料の代わりとすることはできない。玄米黒酢は根の活力を高め、土壌から窒素を多く吸収することで、生育を促進する。したがって、土壌中から根が吸収する養分が乏しいばあい、玄米黒酢を施用してもその効果は十分には得られないことになる。

ただし、吸収効率が良くなると考えれば、肥料の投入量を減らすことができるかもしれない。追肥に関しても、玄米黒酢の散布と組み合わせることで、植物体に効率的な窒素供給ができるのではないかと考えられる。

(2) 疎植のほうが効果的

玄米黒酢には、分げつの発生、発根と根の伸長を促進する作用がある。その分げつと根に注目すると、それらの生育は栽植密度によって大きく異なる。分げつの発生は、疎植で促進され、密植で抑制される。根の発達も栽植密度の影響を大きく受ける。

疎植のばあいは垂直方向に根が伸長し、深いところまで根が分布するのに対し、密植のばあい、土壌表面に分布する割合が増加する。また、疎植では、根量増加のピークが分げつ期と出穂期の二度確認されるが、密植では分げつ期にピークを迎えた後は、減少し続ける。

つまり、密植条件のイネが示す生育は、玄米黒酢の効果とは正反対であり、一方の疎植条件では、玄米黒酢の効果と同じような生育を示す。当然、玄米黒酢の効果は、疎植条件のほうが得られやすく、栽植密度が低くなるほど、その効果は顕著になる。反対に栽植密度が高くなるほど、その効果は小さくなり、ある程度の栽植密度よりも高くなると、玄米黒酢の効果はほとんどみられなくなる。

(3) 登熟期に光合成を高める

玄米黒酢を施用したイネでは、分げつ数が増加し、単位面積あたりの総籾数が増加する。しかし、増加した籾の登熟が十分に行なわれなければ収量の増加には至らないので、それらを満たすだけの十分な同化産物が必要となる。そのためには、登熟期に高い光合成能力を維持することが重要となる。

籾に蓄えられるデンプンは、出穂前に葉鞘や稈に蓄積されていた炭水化物と、出穂後に光合成によって生産された炭水化物の二種類がある。多収穫イネは後者が全体の六〇％以上と高くなって、高い登熟歩合を実現しているが、そのためには、出穂後の葉の光合成能力を長い期間維持することが重要となる。

籾へ送られる窒素は、根から吸収された窒素と植物体中の窒素である。根から吸収される窒素が少ないばあい、主に下位の葉身や葉鞘の窒素で補われ、その結果、下位の葉身は窒素不足となり、枯れ上がりが生じる。これに対して、玄米黒酢を施用したばあい、根の活性が高まって葉に窒素を送り込み、さらに葉からのアミノ酸の吸収によって登熟期間を通して葉身の乾物重、窒素蓄積量が高く維持される。それによって、玄米黒酢を施用したイネでは、増加した籾を満たす十分な同化産物を生産し、登熟歩合を高く維持することができると思われる。

(4) 生育と散布時期の判断

①分げつ期、最高分げつ期の散布

玄米黒酢を施用すると、分げつ数が増加する。しかし、むやみに分げつを増やしても、穂をつけずに枯れていく無効分げつが増えるだけで、収量の増加にはならない。分げつが有効茎となるには、その分げつから発根して母茎から独立することが必要であるといわれる。遅い時期に発生した分げつ

図2－18　玄米黒酢を使った減農薬イネの栽培体系

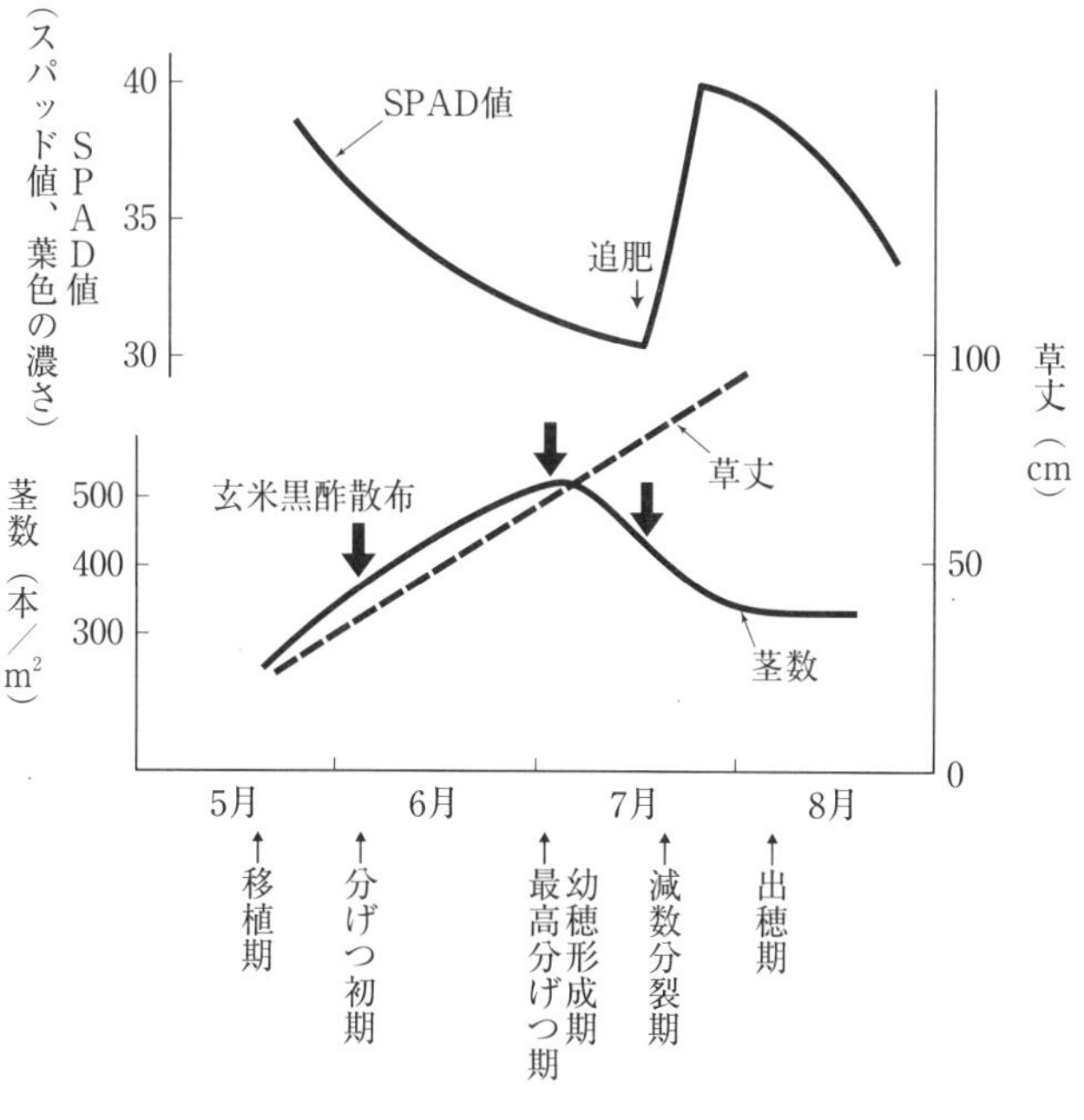

は、発根までに至らず、ほとんどが無効分げつとなる。

そこで、玄米黒酢を施用することによって、比較的早い時期に分げつ数を増やすことが、穂数を確保するために重要となる。また、玄米黒酢によって発根、根の生長を促進して葉の光合成を高めることで、やや遅れた時期に発生した分げつを有効化することによっても、穂数の確保につながると考えられる。

②幼穂形成期

分げつ数、総籾数を増やし、収量を増加させるには、この時期に分化する穎花《えいか》数を十分に確保することが重要となる。この時期に植物体内の窒素が不足すると、分化する穎花数が減少し、また、退化する穎花数も増える。この時期に玄米黒酢を施用することで、根の活力を高め、光合成能力を向上させて、より多くの穎花数を確保することが、収量を増加させるうえで非常に重要である。

(5) 玄米黒酢を使った栽培体系

図2－18は、玄米黒酢を用いた栽培体系を模式的に示したものである。この栽培体系におけるイネの生育目標は、①分げつを初期から増やして有効茎歩合を高める、②それにより穂数と総籾数を増加させる、③登熟期の高い光合成能力を維持して多くついた籾を確実に登熟させることである。

その各過程で玄米黒酢が威力を発揮することと、効果的な使い方は以上でみてきたとおりである。この生育コースのもっともベースになる茎数および葉・茎・根の活力に着目して玄米黒酢の散布時期を整理してみると、移植して苗が活着し、分げつが開始する頃に一回目の散布を、最高分げつ期ないし幼穂形成期頃に二回目の散布を、そして減数分裂期頃に三回目の散布をするのが目安である。もし、余力があって、もう一回の散布を加えるなら分げつ開始期と最高分げつ期の中間頃であろう。

散布濃度は、七〇〇倍くらいでよいと思われるが、農家は二〇〇〜五〇〇倍を用いている。当然、それだけ玄米黒酢が多く必要になる。

参考文献

1　養田武郎・池田武・船津正人「玄米黒酢と木酢がコシヒカリの生育と収量に及ぼす影響」『日本作物学会紀事』67（別2）一九九八年、一五六～一五七ページ。

2　本田真理・池田武「玄米黒酢が水稲の生育と収量に及ぼす影響」『日本作物学会紀事』68（別2）一九九九年、二八六～二八七ページ。

3　池田武「玄米黒酢がコシヒカリの分げつと収量におよぼす影響」『北陸作物学会報』37号、二〇〇二年、二六～二八ページ。

4　吉田陽介・池田武「玄米黒酢が直播栽培したコシヒカリの茎数要因に及ぼす影響」『日本作物学会紀事』71（別2）二〇〇二年、三〇～三一ページ。

5　池田武・吉田陽介「いつ、どのくらいの濃度で酢をかけるのがよいか」『現代農業』四月号、農文協、二〇〇四年、一〇六～一〇七ページ。

6　池田武「酢防除　玄米黒酢一〇〇倍液はイモチ菌を抑える、七〇〇倍液はイネの生育をよくする」『現代農業』六月号、農文協、二〇〇四年、二八二～二八五ページ。

第3章
〈事例〉稲作での玄米黒酢利用

●「新潟産コシヒカリ」おいしさランクアップをめざして
——新潟県西蒲原郡月潟村　間嶋幸雄さん——

(1) 県内でEランクをつけられたコシヒカリ

新潟産コシヒカリといえば、おいしいお米ナンバーワンとして人気が高く、自主流通米市場においても常に高値を維持している。特Aの魚沼産は別格にしても、佐渡産、岩船産、新潟一般コシとして、人気上位四品は新潟県で独占している。

そんな中、新潟県内において、地域ごとのランク付けが行なわれたことがあった。その結果、西蒲原地区は最低のEランクが付けられた。「一番おいしくない新潟コシ」としてレッテルを貼られ、憂き目にさらされたことも幾度となくあったと聞く。西蒲原は新潟平野のど真ん中に位置し、平らで耕地整理も進み、食糧増産政策の頃は、機械化を進め、化学肥料、農薬を駆使し、増収、増収と突き進んだ地域であった。そのツケがEランクである。方針に則ってがんばったあげくがこれである。当然農家はおもしろくない。

(2) 有機質の割合を高め食味向上

そんな状況に対して、早くからこれではいかんと気づき、土の再生に汗を流していた人たちと、黒酢農法は出会うことができた。

月潟村の農家間嶋幸雄さん、ＪＡ越後中央月潟支店の田辺文明支店長だった。田辺支店長は、「売れる米をつくり、農業を持続させること」を常々頭におきながら、いろいろと試行錯誤されていたという。実はこの農法の主役である「玄米黒酢」は月潟村にある石山味噌醤油（株）月潟工場でつくられている。一一年前に移転してきたころからＪＡの月潟支店より玄米を仕入れたという経緯があった。田辺支店長が紹介してくれた農家が間嶋幸雄氏である。

間嶋さんは月潟村でとりわけおいしい米をつくると評判の方で、独学で土づくり、栽培法を研究してきた。二〇年前に「お前の米はうまくない」と言われたのがきっかけで、量より質・食味を選択した。具体的には、化学肥料をおさえ、有機質肥料の割合を徐々に多くしていった。また、

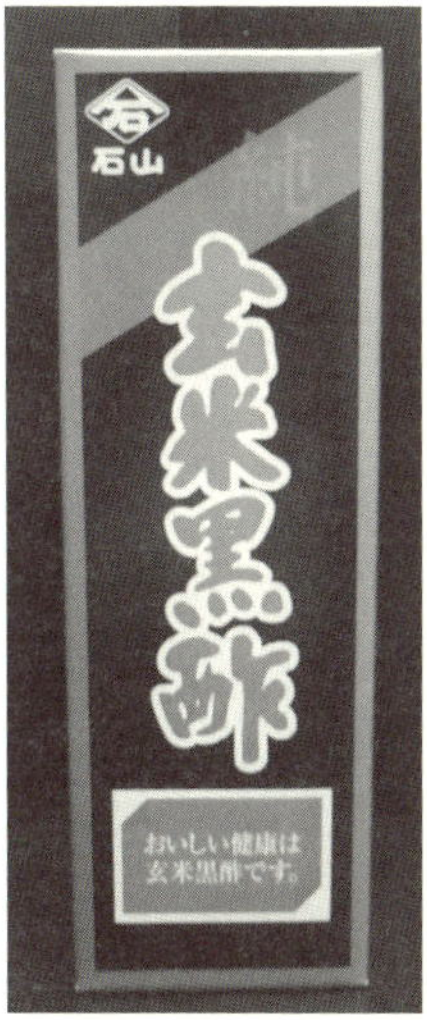

図３−１　散布に使った石山味噌醤油（株）製の玄米黒酢

倒伏を防ぐため、中干しを少し強めに行ない、根を深層部まで十分張らせるようにした。反収は一〇俵半だったものが九俵に減ったが、肥効がゆっくりと長く効くようになり、秋落ちしない田んぼに変わり、過度な倒伏もなく、品質は上々で食味についても「お前の米はうまい」といわれるくらいになった。

現在に至るまでには、コシヒカリ以外の品種も含めて何年も試行錯誤した。菜種粕や骨粉は、食味に甘み、粘りを出すのに有効であるが、窒素分が多く、多用すると倒伏を招き、品質を落としかねないので、使いにくいことがわかった。今もなお、試行錯誤は続いていて、毎年少しずつチャレンジをしている。

そんな間嶋さんに「人によければ米にもいい」黒酢農法を紹介したら、即座に理解してくれ、間嶋さんのチャレンジのひとつに採用してくれた。

(3) 玄米黒酢は平成十一年から導入

・育苗時は二〜三回散布

こうして、平成十一年より試験的な取り組みがはじまった。間嶋さんの土づくりは、発酵鶏糞を投入し、有機質肥料主体に施肥体系を組み立てていく。決して多用はせず、イネの生育と天候にあわせた気配りの米づくりだ。

そこに玄米黒酢を育苗段階から利用していく。播種後二〇〇～五〇〇倍に薄めた玄米黒酢を育苗箱一箱あたりに一リットルを二～三回散布する。散布濃度と時期は、五〇〇倍液を播種後一〇日（根張りの促進）と田植え前五日（田植え後の活着に有効）、また必要に応じてカビ発生時に二〇〇倍液を散布する。根張りが良く元気のいい健苗が育つ。種子消毒にも黒酢利用を検討中で、減農薬化を進めている。

・本田では三回散布

移植後は、分げつ初期、幼穂形成期、減数分裂期に五〇倍希釈液を一〇アールあたり二五リットル背負いの動力噴霧器で散布する（図3－2、3－3）。それぞれの散布時期の狙いは、分げつ初期においては、しっかりした茎をつくるため、幼穂形成期においては、光合成を促進して幼穂づくりの手助けをし、有効茎歩合を向上させるため、減数分裂期においては、イネの体力が落ちるので活力をつけるためだ。

五〇倍という希釈濃度は、酢焼けが発生しないぎりぎりの濃度である。これ以上濃くすると葉や葉《よう》鞘《しょう》に酢焼けの斑点ができてしまう。当初、散布作業は背負いの動力噴霧器しかないので、できるだけ濃いめで少量散布できないかという課題から実験をした結果である。

図３－２　幼穂形成期の黒酢葉面散布（７月２日）

図３－３　減数分裂期の黒酢葉面散布（７月22日）

・散布は天気が良く風のない午前中

また、作業は天気が良く、風のない午前中にしたほうが生育促進に効果があることが新潟大学農学部作物研究室での実験から導き出されているので、間嶋さんのばあい、一気に約二五〇アールほどを午前中のうちに散布する。畦畔からの散布はまだ楽でよいが、必ず田んぼに入って散布しなければならない圃場が相当ある。三〇キロ以上を担ぎながらぬかるんだ水田を歩くのは、相当過酷な作業であるが、イネの葉がピンと立ち、太い茎をつけ、見るからに元気になるので、がんばれるという。

(4) 倒伏・病気に強いイネに育つ

黒酢を散布したイネの草丈は、倒伏軽減剤を多用したコシヒカリよりも一〇センチメートル以上も長いが倒伏程度は軽く、コンバインによるイネ刈りには何の支障もない。また冷夏でも、減収程度は周りの半分くらいにおさまった。

地域的に共同防除はまぬかれないが、本人いわく「いもち病、紋枯病の防除は必要ない」と健康で元気なイネをみて判断している。現状では、個人的にできる育苗段階の減農薬を実施している。種子消毒剤は未使用とし、育苗時は立枯病対策のみ、田植え時の箱処理剤はパダンのみ（平成十六年は未使用）である。除草剤は三成分にとどめるよう努力している。一般栽培に比べて四～五成分減じている勘定になる。

(5) 「黒酢米」で人気の通販商品

そんな間嶋さんの米は、（有）樽一本店が企画する通信販売で「黒酢米」として販売している。完全受注生産販売で、毎年二月に注文を受け付ける、五キロで二五〇〇口の限定販売であるが、すぐに完売してしまう人気商品だ。おいしいとたいへん評判である。

私見であるが、おいしいお米を求めるばあい、産地で選ぶよりもできるものなら生産者別に指定できたら本当に求めるおいしいお米に出会えて幸せだろうなと思っている。それを感じさせたのが、間嶋さんだ。

「米は人で選ぶ」そんな時代が来そうだ。まさに農産物にはつくる人の人柄が反映されているように思える。残念ながら現代社会では、なかなかそういった情報は生活者まで伝わりにくくなっている。今、多発する農産物の偽装表示問題などからトレーサビリティが盛んに求められている。食事はただの空腹を満たす作業でないことを見直すきっかけになりそうだ。

たとえば、そのお米は誰がどんなところでどうやってつくったのか、このお米ができるまでどんな苦労があったのかなどなど、その情報が食べる人に伝わり、思い浮かべ、食に対する感謝が生まれたとき、食べ物を粗末にできるはずがない。さらには、生ゴミの減量につながり、また、食卓が単なるエサ場から社会とつながる勉強の場となって意味を持つようになる。そこではじめてトレーサビリティの意味が発揮されることであろう。

いずれこの動きが生産者と生活者が情報を共有し、意見を交換し合い、それぞれができることを提

図3－4　間嶋さんの黒酢米栽培履歴書（平成15年産）

樽一　黒酢米　栽培履歴書　平成15年産

月潟村の「間嶋幸雄さん」がつくった黒酢米コシヒカリ！！

米づくりへの情熱と玄米黒酢でおいしく稔ったお米です。

このお米は、こうやってつくられました。

栽培状況

3月30日　種籾の温湯殺菌をしました。60℃10分処理
3月30日　発酵鶏糞（ワールドエース）を散布しました。60Kg／10a
～4月10日　黒酢の500倍液で浸種をしました。
4月12日　種を播きました。
育苗中　玄米黒酢200倍液を1回育苗初期にカビ止めのために散布しました。
玄米黒酢500倍液を2回散布しました。（元気で根張りのよい健康な苗を育てます。）
4月18日～　元肥をまきました。　20Kg／10a
～4月27日　田耕し、代かきをしました。
5月2日　田植えをしました。　稚苗植え　60株／坪
5月10日　除草剤をまきました。（ホームラン1Kg粒剤）
6月2日　黒酢の50倍液をまきました。　分げつ期（茎をしっかりつくります）
6月3日　中干しを開始しました。（田んぼの水を落とし、根を深層まで張らせる）
6月29日　2回目の黒酢50倍液をまきました。　幼穂形成初期（元気な穂を育てます）
7月13日　穂肥をあげました。今年は例年より少なめに7kg／10a入れました。
7月20日　2回目の穂肥をあげました。8kg／10a
7月20日　3回目の黒酢散布をしました。　減数分裂期（しっかり登熟してくれよ！）
7月28日　いもち病、カメムシ対策として共同防除をしました。
8月5日　いもち病、紋枯れ病、カメムシ対策として2回目の共同防除をしました。
8月10日　穂がでそろいました。今年は天気がわるく出穂が遅れました。
～9月29日　収穫、とても順調に刈り取れました。

使った窒素系肥料です。
元肥　越のかがやき有機元肥　20kg／10a　窒素成分　2kg
穂肥　アルファ有機246　15kg／10a　窒素成分　1.8kg

使った農薬です。
箱処理剤　パダン　成分：カルタップ塩酸塩
除草剤　エリジャン乳剤、ホームラン1Kg粒剤　成分：オキサジクロメホン、クロメプロップ、ベンスルフロンメチル
殺菌、殺虫剤　カスラブトレボン、デラウスフロアブル、MRジョーカー
成分：エトフェンプロックス、カスガマイシン、フラサイド、ジクロシメット、シラフルオフェン
使用成分回数　：　合計　9成分

生産者　間嶋幸雄さんの一言
前年、前々年と猛暑猛暑で米は高温障害が品質低下を招いていた。よって、今年は播種や田植えを遅くして酷暑を回避しようと考えたが、予想を裏切り10年振りの冷夏で思惑はおおはずれ、本当に計画通りにいかなかった年でした。
また、今回挑戦した温湯消毒・無農薬育苗では、後半に立ち枯れ病菌が根際に発生、田植え後の活着を遅らせた。その分茎数を稼げず、収量減につながった。天候には中々勝てないが、食味と収量を両立するようこれからも精進します。

有限会社　越後樽一本店

図3－5　間嶋さんの黒酢米の茎数の推移（2002年）

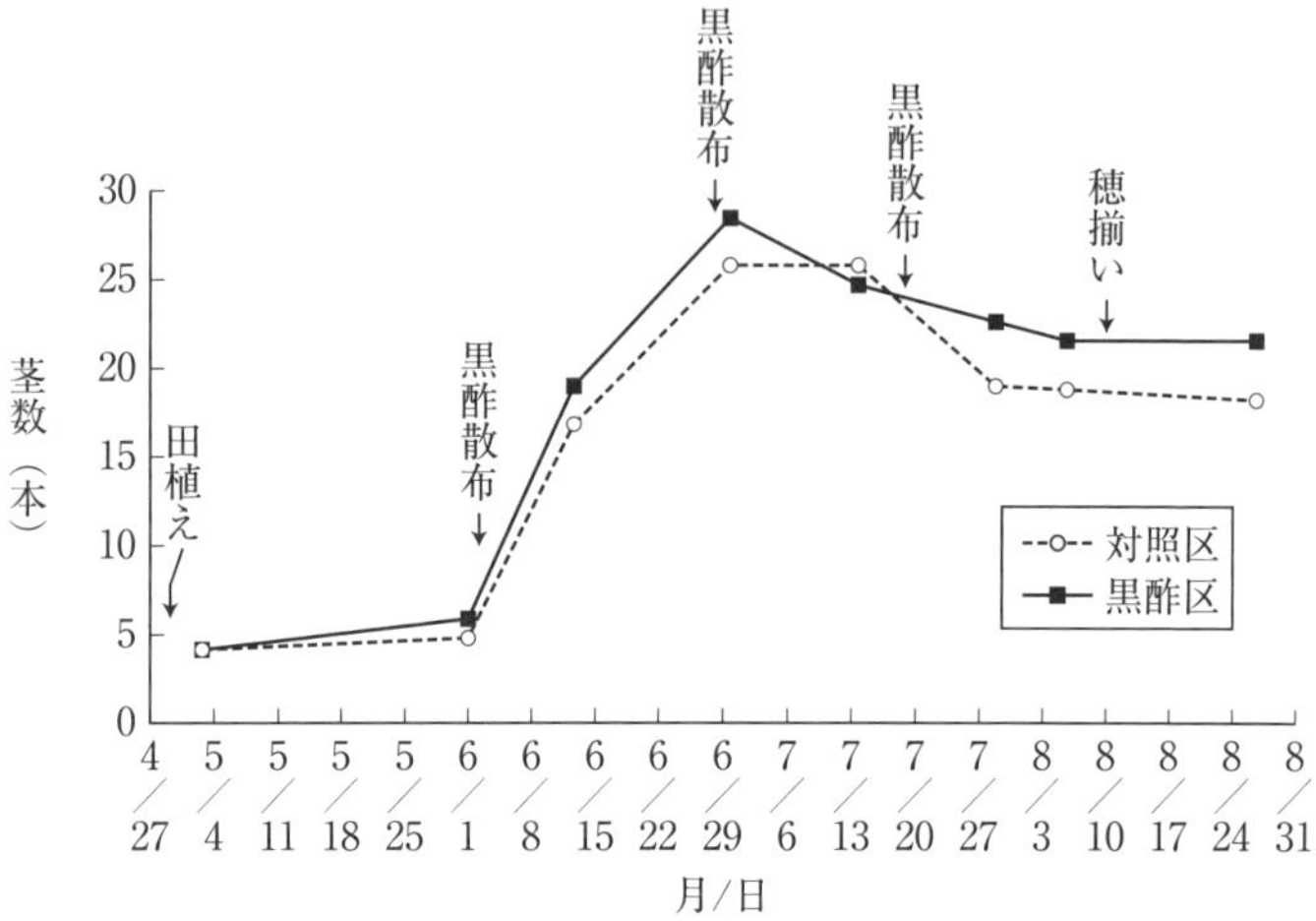

茎数（本）

処理区	5月2日	5月31日	6月12日	6月29日	7月13日	7月28日	8月5日	8月26日
対照区	4.0	4.8	16.8	25.8	25.8	19.0	18.8	18.2
黒酢区	4.2	5.8	19.0	28.4	24.6	22.6	21.6	21.6

黒酢散布状況〈2002年〉

分げつ初期：6月 2日
幼穂形成期：6月29日
減数分裂期：7月20日

有効茎歩合（%）

対照区	70.54
黒酢区	76.06

供し合うことで共に食を守っていく、スローフード運動につながるものと考える。

（6）比較栽培にみる玄米黒酢の効果

83ページに間嶋さんの平成十五年産黒酢米栽培履歴書（図3－4）を掲載した。また、実際の圃場で黒酢を散布したイネと、していないイネの比較栽培試験結果も参考にしてほしい。図3－5に二〇〇二年の茎数の推移を示した。黒酢散布による有効茎歩合の向

表3－1　間嶋さんの黒酢米の食味関連試験結果

○理化学試験

試験区	精白米度	精米水分 (%)	アミロース含量 (%)	タンパク質含量 (%) Leco
対照区	41.2	13.8	18.3	5.2
黒酢区	41.4	14.0	18.5	5.0

○ラビスコ・アナライザー (RVA)

試験区	最高粘度 (RVU)	最低粘度 (RVU)	最終粘度 (RVU)	ブレークダウン (RVU)	コンシステンシー (RVU)
対照区	336	144	254	192	110
黒酢区	329	135	246	194	111

○サタケ炊飯食味計 (平均値)

試験区	外観	硬さ	粘り	バランス	食味
対照区	8.3	5.3	7.8	8.4	81.0
黒酢区	8.5	5.2	8.0	8.5	82.3

○サタケ米粒食味計

試験区	アミロース含量 (%)	タンパク質含量 (%)	水分 (%)	食味値
対照区	18.8	6.4	13.2	78
黒酢区	18.7	6.3	13.4	79

○トーヨー味度メーター (米)

試験区	味度(米) 平均
対照区	85.9
黒酢区	86.1

○テンシプレッサー低・高圧縮試験による米飯1粒の物性測定試験

＊表層の物性 (平均値)

試験区	表層の硬さ (dyn)	表層の粘り (dyn)	表層の付着量 (mm)	表層の付着性 (erg)	米飯粒厚 (mm)
対照区	80.39	21.54	1.37	1.16	2.17
黒酢区	79.20	21.22	1.55	1.22	2.24

＊全体の物性 (平均値)

試験区	全体の硬さ (dyn)	全体の粘り (dyn)	全体の付着量 (mm)	全体の付着性 (erg)	バランス度 (粘り/硬さ)
対照区	1.98	0.525	2.37	2.41	0.27
黒酢区	1.88	0.548	2.37	2.61	0.94

上が見てとれる。

また、二〇〇三年の圃場試験の食味関連データを表3-1に示した。差は小さいもののタンパク質含量の低さ、食味評価値の高さなど全体的に黒酢区の評価がよいという結果になった。特に表層の物性は重要な観点で、硬さが小さく、粘りが強く、付着量の大きい米が好まれるという。テンシプレッサー低・高圧縮試験における黒酢区の値は比較的好結果となっている。

実際に食べてみても評価は高く、毎年の固定客がつくのも納得である。以上のように玄米黒酢の生育促進効果、増収効果、食味向上効果が推察される結果がおわかりと思う。

（注）「黒酢農法」「黒酢米」は、(有)樽一本店の登録商標です。

●減化学肥料栽培コシヒカリの高品質安定生産

——新潟県西蒲原郡中之口村　特別栽培米部会——

(1) 食味重視の施肥体系に黒酢農法の組み合わせ

月潟村の間嶋さんらの取り組みに刺激され、ＪＡ越後中央河治部長のすすめで、中之口村の特別栽培米部会が平成十四年度から黒酢農法に取り組みはじめ、十五年度は、部会の中から一三名が約六〇トンの黒酢農法米栽培に取り組んだ。

特栽米部会では早くから土づくりに取り組んでいた。中之口村の水田は、砂壌土から埴壌土まで幅広い土質の田んぼがあり、また地質調査からすべての圃場でおおむねケイ酸分が不足していることが判明した。こうした水田条件をほぼカバーできるような肥料・施肥体系として、ケイ酸カリを多く含む土づくり肥料を前年の秋に施し、元肥と穂肥には有機質肥料が半分以上配合されている肥料を選択した。また、出穂四〇日から三五日前にケイ酸カリを投入する肥料体系を組んだ。このように土づくりに努め、収量をおさえ、品質・食味重視の稲作に切り替えたのだった。

土づくりを全面にアピールした減化学肥料栽培米は、群馬の生協と契約を結び、販売実績を重ねてきた。田植えツアーや海水浴ツアー、イネ刈りツアーなど産地と消費者の交流も積極的に行なっている。そこにさらなる付加価値を模索する意味で、黒酢農法をブレンドしたかたちで米づくりをはじめることになった。

(2) 玄米黒酢施用は育苗期三回、本田三回

玄米黒酢の利用方法は、育苗期三回、移植後三回の散布を基本としている。育苗期には根張りの良い健康な苗を育てるため、播種後五～六日おきに五〇〇倍液を散水する。カビなどが発生してしまったら、少し濃いめの濃度（二〇〇～三〇〇倍液）で散布してやる。

移植後の希釈濃度は、五〇～二〇〇倍で、一〇アールあたりに黒酢原液で五〇〇ミリリットル投入されるように散布量を決める。五〇倍液のばあいは、一〇アールあたり二五リットル、二〇〇倍液の場合は、一〇アールあたり一〇〇リットル散布する。各農家の手持ちの散布機にあわせて選択している。

散布時期は、基本的に分げつ初期、幼穂形成期、減数分裂期の三回だ。肥培管理と防除体系は減化学肥料米に基本的に準じているが、除草剤に関しては、四点ほどの候補を用意して選択制とし、各自の圃場条件にあったものを成分回数で四成分までと規定した。通常は、耕起前の除草剤も含めると六

成分ほどになるが、それより二成分減じている。

また、育苗時は玄米黒酢を積極的に使用することとし、殺菌剤などは使用しないことを規定した。

そのため、播種時に使用する殺菌剤二成分を減じている。

(3)「こだわりみそ」にも加工

こうしてつくられた「黒酢農法米」は、石山味噌醤油（株）の商品として新潟県内のスーパーで販売され、こだわり加工品の原料のひとつとして「発芽玄米みそ」や食酢に利用され、差別化商品となっている（図3－6～3－8）。また、一部はJA越後中央のお米としても販売されている。

玄米黒酢の効果に関して、全圃場の統一見解は難しいが、食味に関しては、ケット

図3－6　中之口村産の黒酢農法米コシヒカリ（2kg入り）

図3－7　黒酢農法米コシヒカリでつくった発芽玄米（1パック120g×3袋入り）

樽一本店より

図3－8　黒酢農法米コシヒカリを使った発芽玄米みそ（500g入り袋詰）

石山味噌醤油（株）より

食味計の数値で七四～七七、平均七五・六であった。数値的には、大きく向上してはいないが、炊飯後の食味に関しては各生産者とも自信を持っており、消費者の反応も良い。「黒酢農法と土づくりで良食味安定生産を確立したい」、リーダー西村欣一さんの言葉である。その西村さんの栽培履歴書を図3－9に掲載する。

図3－9　西村さんの黒酢米栽培履歴書（平成15年産）

石山　黒酢農法米　栽培履歴書　No.3

中之口村の「西村欣一さん」がつくった黒酢栽培米！！
元気にすくすく育った新潟産コシヒカリです。

平成15年産　黒酢農法米

西村欣一さん
新潟県西蒲原郡中之口村大字打越
栽培面積　140a
栽培品種　コシヒカリ

このお米は、こうやってつくられました。

栽培状況
前年10月　土づくり肥料をまきました。
4月15日　田んぼに元肥をまきました。
4月20日　種を播きました。150g／箱
育苗中　玄米黒酢を500倍に薄めて苗に散布しました。（元気で根張りのよい健康な苗を育てます。）
5月7日　代かきをしました。
5月11日　田植えをしました。　稚苗植え　60株／坪
5月15日　除草剤をまきました。（ミスターホームラン1kg粒剤）
6月1日　珪酸カリをまきました。
6月3日　黒酢の50倍液をまきました。　分げつ期（茎をしっかりつくります）
7月6日　2回目の黒酢50倍液をまきました。　幼穂形成初期（元気な穂をつくりましょう）
7月16日　穂肥をあげました。今年は例年より少なめに12kg／10a入れました。
7月25日　いもち病、カメムシ対策として共同防除をしました。
7月29日　2回目の穂肥をあげました。15kg／10a
7月30日　3回目の黒酢散布をしました。　減数分裂期（しっかり登熟してくれよ！）
8月3日　いもち病、紋枯れ病、カメムシ対策として2回目の共同防除をしました。
8月12日　穂がでました。今年は天気がわるく出穂が遅れました。
10月1日　収穫、すこし稲が倒れましたが、根元からではなく、比較的スムーズに刈り取れました。
10月7日　籾すり・袋詰め　　網目1.9mmを使用しました。

使った窒素系肥料です。
元肥　越のかがやき有機元肥　30kg／10a　窒素成分　3.0kg
穂肥　越のかがやき有機穂肥　27kg／10a　窒素成分　3.24kg

使った農薬です。
種子消毒用　モミガードC　成分：塩基性塩化銅、フルジオキソニル、ポルニDL
除草剤　ミスターホームラン1kg粒剤　成分：オキサジクロメホン、クロメプロップ、ベンスルフロンメチル
殺菌、殺虫剤　スミチオン、カスラブトレボン、ブラシンジョーカー
成分：MEP、エトフェンプロックス、カスガマイシン、フラサイド、シラフルオフェン、フェリムゾン、フラサイド
使用成分回数　：　合計　13成分

生産者　西村欣一さんの一言
本年は、冷夏のため、穂肥の施肥までとその後の生育が変化し、非常につくりにくかった。
その結果、収量構成要素は確保できたが、収量に結びつかなかった。（目標の30kg減）
それでも食味は抜群です。私のつくった自信作「黒酢農法米コシヒカリ」をぜひご賞味下さい。

石山味噌醤油株式会社

●トキと共生、環境にやさしいおいしい米づくり

——新潟県佐渡市　潟端地区の農家グループ——

(1)　トキのエサ場としての水田

トキのいる島で有名な佐渡ヶ島。現在三九羽が、トキ保護センターで大切に飼育されている。平成二十二（二〇一〇）年には一〇〇羽を超え、自然に帰す予定である。

この佐渡ヶ島は、トキを中心に、さまざまな活動が盛んである。特にトキのエサ場である水田環境を見直そうという動きは活発であり、自然環境を取り戻し、エサであるドジョウなどの水中動物が育ちやすい状態にしていこうという活動である。

(2)　良食味米産地・佐渡の持続をめざす

佐渡は、新潟でも有名な良食味米生産地として知られている。気候と環境については、基本的に海洋性気候で、気温の日格差があまり大きくない。日較差が大きいほどおいしい米がとれる、とよく言われるが、佐渡はそうではない。その悪条件をカバーしているのが水である。島内には平野をはさん

で二つの山があり、棚田も多い。その山からきれいで冷たい自然水を田んぼに引いている。また、昔から収量をひかえながら米づくりをするという稲作方法が浸透している。また、比較的、火力乾燥の普及が遅れていたため、自然乾燥が多かったこともおいしさにつながっていた。水と栽培方法が良食味米を支えてきたのである。

こうした経過から、佐渡産コシヒカリは、魚沼産コシヒカリに次ぐおいしいお米として高値で取引されている。

ところが近年、平野部を中心に量産をはかるため、近代農法にどんどん移行していき、化学合成肥料、化学合成農薬の多用で量はとれるが、食味が落ちる傾向が出てきた。地力の少ない硬い田んぼになり、ドジョウやメダカ、タニシなどの生物が住めない疲れきった田んぼになってきた。今、この状況に警笛を鳴らす人が増えている。正に見直すべき時期であり、トキとの共生もきっかけになって、佐渡農業の生き残りのために、考え方もどんどん変わってきつつある。

(3)　カキ殻効果に黒酢効果を重ねる

その佐渡では、ユニバーサルデザインを考える企業連合の集まりがきっかけで、潟端地区の甲斐グループ四名と玄米黒酢との出会いが実現した（図3―10）。皆、カキの養殖と稲作の半農半漁を営んでおり、高齢にもかかわらず、チャレンジ精神旺盛な皆さんである。

特に目を引くのは、カキ養殖の廃棄物であるカキ殻を、イネつくりに利用しているところだ。カキの剥き身作業で出てくるカキ殻は、三年以上野積みされ、殻表面についた藻などが風化した後、粉砕される。カキ殻は、カルシウムの固まりであり、表面の海藻はなくなってしまうが、微量の各種ミネラルが含まれている。

これを田んぼにすき込むのである（図3-11）。すき込まれたカキ殻は、時間をかけてゆっくりと溶け出し、根から植物体内に吸収され、丈夫で元気なイネに育つという、佐渡ならではの農業・漁業のリサイクル体系を実践している。カキ殻をすき込むという発想は、単に廃棄物利用が目的ではない。きっかけは、個人の暗渠排水工事からだった。地域で暗渠排水工事をするときは、土管の周りにモミ殻を敷きつめるのが一般的だが、潟端地区ではカキ殻を利用していた。その暗渠部分のイネは、非常に立派で色のりが良いにもかかわらず硬くて全く倒れないことに気づいた。また、野積みしているカキ殻の山の脇では、ヨモギがものすごく良く育つことから「田んぼ全体にすき込んだらよいのでは」と思いついたのだった。

確かにカキ殻をすき込んだ田んぼのイネの葉は硬く、シャキッとしていた。そこへ黒酢農法をプラスすることで、さらに元気に育って、食味も向上してほしいという思いがこもっている。カキ殻と黒酢との相性はまだ何とも言えないが、実施している農家の目からみると、イネの色のりはさらに良くなったそうだ。また、ごはんの食味が違う、うまいと太鼓判を押す。そして、農薬をできるかぎり減らし、安心でおいしい米の生産と、トキも心配せずに暮らせる島づくりの両方を目標にしている。もちろん、「佐渡産」「黒酢農法」「カキ殻利用」「トキの住む島」をキャッチフレーズに高付加価値米を

図3−10　佐渡市潟端の甲斐グループのメンバー

米とカキの半農半漁でやる気満々！！

図3−11　カキ殻をすき込んだ田んぼの様子

目指している。

(4) 成苗疎植と黒酢でイネの能力を最大限生かす

ここでは、二年間の試験栽培を経て、十六年産から本格販売をはじめる。扱うのは(有)樽一本店で、月潟村間嶋幸雄さん（76ページ）に続く黒酢米第二弾として受注、販売をはじめた。佐渡産コシヒカリの相場高、船輸送運賃の関係から間嶋さんの黒酢米に比べ、高値ではあるが、希少価値ということもあり、注文状況は順調だ。

佐渡での黒酢農法も基本的には、月潟村の間嶋さんに準じたかたちで進めている。十五年の甲斐吉男さんの栽培履歴書を掲載した（図3－12）。甲斐さんは、成苗植え（五〜六葉期）で、坪あたり四一株という疎植にこだわっている。それは、できるだけ昔ながらの栽培方法に近づけるためであり、一株あたり二〜三本植えになるようにして、株間を広くとって受光態勢を理想的に持っていくためだ（図3－13、3－14）。

光合成を促進し、乾物生産を盛んにする黒酢散布は、一本一本のイネを大事に育て、能力を最大限に生かす成苗疎植栽培に適しているのではないかとみている。

十六年度は、育苗期にも黒酢散布をする計画で、苗の生育促進と移植後の発根促進を狙っていく。

図3－12　甲斐さんの黒酢米栽培履歴書（平成15年産）

平成15年産　黒酢米栽培履歴書
佐渡の甲斐吉男さんがつくった黒酢米！！
農薬や化学肥料を減らしたおいしい佐渡産コシヒカリです。

このお米は、こうやってつくられました。

栽培状況
3月20日 種を播きました。100g／箱
5月5日 有機肥料をあげました。
5月10日 田植えをしました。 成苗植え 41株／坪
5月20日 除草剤をまきました。
6月10日 黒酢の50倍液をまきました。 分げつ期（茎をしっかりつくります）
6月20日 けい酸加里とりん酸肥料をあげました。
7月5日 黒酢50倍液をまきました。 幼穂形成初期（元気な穂をつくります）
7月20日 穂肥として有機肥料をあげました。
7月31日 2回目の穂肥として有機肥料をあげました。
7月31日 3回目の黒酢散布をしました。 減数分裂期（体力維持、穂の生長のちからに）
8月10日 穂が出ました。
8月20日 カメムシ防除をしました。
9月20日 収穫

使った窒素系肥料です。
さおとめ有機　30kg　窒素成分　3.0kg
さおとめ有機穂肥　20kg　窒素成分　2.4kg
有機系窒素成分　：　5.4kg

使った農薬です。
種子消毒用　スポルタックスターナ　成分：プロクロラス、オキソニック酢酸
箱処理剤：パダン　成分：カルタップ塩酸塩
除草剤　ザーク　成分：ベンスルフロンメチル、メフィナセット
殺菌、殺虫剤　MRジョーカ、トレボン　成分：カルタップ、シラフルオフェン、エトフェンプロックス
使用成分回数　：　合計8成分

生産者　甲斐吉男さんの一言
カキの出荷の際にでるカキ殻を粉砕し、田んぼにすき込んでミネラル強化の土づくりに取り組んでいます。
そこへ黒酢希釈液を散布することは、稲の生育のさらなる活性化と倒伏や病気への抵抗性を強めてくれます。
農薬の使用回数を減らすことにつながる利点もありますが、黒酢液を3回散布するのも大変な重労働です。

今、食料は安全で安心して食べられる物を求められています。米も15年産米からトレサビリティー（生産履歴）を記帳することになり、生産者に対し安全で安心な米づくりが求められていますので、黒酢農法を活用し農薬を減らした有機肥料栽培に取り組んでいきたいと思っています。

石山味噌醤油株式会社

図3－13　6月11日の佐渡産黒酢米コシヒカリの様子

図3－14　8月16日の佐渡産黒酢米コシヒカリの様子

本田生育期には、同様に分げつ初期、幼穂形成期初期、減数分裂期の三回散布をする。散布方法は、黒酢原液を五〇倍に希釈して背負い動噴で一〇アールあたり二五リットル散布する。グループの中では大型の動力噴霧機を使い、二〇〇倍液を一〇〇リットル散布する人もいる。

肥料は、有機質肥料主体に設計し、食味向上に努める。化学合成農薬は、成分回数で一〇回以下を目標に、イネの健康状態や天候と相談しながら、できるだけ省けるものは省いていく。また、倒伏軽減剤は使用禁止としている。たとえば十五年の減農薬の取り組みでは、除草剤を一回減らし、二回していたいもち防除も取りやめた。

二年間の試験栽培では、イネがシャキッと立っていること、倒伏に対して強くなったこと、ごはんがおいしくなったこと、病害虫が少なくなったことなど好ましい結果が得られている。反面、肥料設計を化学肥料主体から有機質肥料主体に切り替えたため、収量は減ってしまった。しかし、食味の向上が認められたので、これからの売れる米づくりには成果があったと考えている。

●ワンランク上のあきたこまちを！　若い後継者たちの選択

――秋田県大潟村　「あきた黒酢農法研究会」――

(1)　さまざまな農法にチャレンジする村

秋田県大潟村は、ご存知のとおり近代農業のモデルとして発足し、全国各地から米づくりに情熱をかける人たちが集まってできあがった日本の稲作の最先端をいく有名な村だ。全国から集まってきているので言葉も少しずつ違うし、生活習慣や食べ物、考え方もさまざまだ。ただ「農業で生きる」ことは全員一致した考えであり、どこよりも強いので、新しいこと、より良い農法、経済観念、チャレンジ精神は村全体から感じられる。一町歩を超える大型圃場で大型機械を使って効率的に米づくりができる。有機栽培や減農薬栽培、さまざまな農法が垣間見られ、自分でつくり自分で販売する人も大勢いる。まさに最先端という感じで、農業関係者にとっては大潟村を訪れれば必ず何か発見があり、非常に勉強になる。

(2)　入植二世たちが黒酢農法にチャレンジ

大潟村は、今まさに世代交代の時期であり、入植二世の人びとはそれぞれの使命を背負いながら積極的に農業に向き合い、「今われわれは何をすべきか」日夜を問わず議論が絶えないという。

そんな中で早津一仁さん（新潟県田上町より四次入植した亡父勘一郎さんの二代目）率いるグループと黒酢農法の出会いがあった。それは、石山味噌醤油(株)が黒酢農法を普及しようと考えはじめた直後というタイミングだった。早津さんは、新潟大学農学部の出身で、池田武教授の研究室だったことから、「面白い農法があるぞ」という教授からの紹介だった。

図3−15　大潟村の「あきた黒酢農法研究会」のメンバー

米の独自販売を手がける九名の若手グループ（図3−15）は、「あきた黒酢農法研究会」という会を発足し、九名それぞれの見地から玄米黒酢の利用方法と効果を検証しながら、販売活動も積極的に推進している。

平成十一年から五年間、浸種・催芽・播種・育苗時の処理や、本田での葉面散布と流し込み施用などで、各人の栽培方法を基本にさまざまな黒酢散布・施用の方法を試してきた（図3−16、3−17）。また、大潟村の土壌条件、栽培環境、各人の栽培方法に合致した玄米黒酢の利用方法を検討してきてもらった。そして、坪刈り、食味評価を毎年検査し、検討している。平成十四年に四年間をふりかえっての黒酢利用に関する意見をまとめているので、次項に紹介する。

図３－16　玄米黒酢の施用

図３－17　玄米黒酢の葉面散布

(3)　玄米黒酢の効果を実感

黒酢利用については、次のような意見が大半であった。

・育苗期の利用方法と効果

○五〇〇倍液を、箱あたり〇・五リットル二～三回散布することで、丈夫で色つやの良い苗になる。

○液肥と混ぜて散布すると良い色がでる。

○播種時に五〇〇倍液を箱あたり約一リットル散水するとカビ類の発生が少ないと思われる。

○七〇〇倍液を箱あたり〇・五リットル散布すると移植後の生育は良い。

・本田での利用方法と効果

○六月中旬、下旬、七月下旬に三回、一〇アールあたり玄米黒酢五リットルの流し込みを行なう。また、三回目には同時に一〇〇倍液、一〇アールあたり一〇〇リットルの葉面散布も行なう。葉色の維持効果があり、光合成能力を高く維持できる。また、倒伏に強くなった。稲体が強く、丈夫に育っていることの証である。

○一〇〇倍液葉面散布＋流し込みで、葉や稲体自体が硬くなる。いもち病がみられた箇所に葉面散布をしたところ、それ以上の進展はなかった。

・うまさは確実にアップ

○食味計による評価は絶対的な証明はなされていないものの、食べたときのうまさは確実に増していると思われる。

（4）食味・収量アップ、有機減農薬にも貢献

実際に静岡味度計でのデータでは、各人の普通栽培区と黒酢栽培区の比較をみてみると、黒酢区の食味が上回ったのは、平成十一年では一人、十二年三人、十三年四人、十四年三人、十五年二人であった。いずれも半数以下であり、食味計のデータにおいては、食味向上効果は証明できないでいる。また、収量に関しては毎年三～四人が対照区に比べ増収している。収量に関してもメンバーの過半数を超えるほどの増収効果が期待されるところだ。また、平成十五年産においては、冷害による減収は全くないといってよいくらいであった。「黒酢農法の稲体は、病気に強く丈夫に育ち、確実に良質な米に仕上がってくれる」というのがリーダー早津さんの率直な意見である。

以上まとめると育苗期での黒酢利用に関しては、生育促進作用、抗菌効果、移植後の生育が良くなるなどの良い効果が出ていて、評価に値する。本田での施用に関しては、流し込み、葉面散布ともにイネを硬く丈夫にし、倒伏軽減につながっていることが評価に値する。また、ＪＡＳ認証の有機栽培に利用している中で育苗期間、本田においても病気の発生がおさえられていることから、減農薬栽培に大きく貢献できることが示唆される。なお、あきた黒酢農法研究会のあきたこまちでは、種子消毒を除き、化学合成農薬の使用成分回数を七以下と設定している。

また、増収の要因をみてみると、千粒重が若干増加していることがみられ、登熟が良くなったことが推測できる。しかし、作業負荷の大きさとのバランスから最終的な品質面でのより良い効果を期待したいところだ。天候、肥料設計との関係も深いが、収量の維持と食味向上をめざして、十六年度もあきた黒酢農法研究会は挑戦をしていく予定である。

●「環境こだわり農産物」としておいしい近江米づくり
——滋賀県　ＪＡグリーン近江管内のグループ——

(1)　琵琶湖の環境を守る農業の推進

滋賀県は日本一大きい湖「琵琶湖」をかかえる農業県だ。ＪＡグリーン近江では、環境を考えた農業を積極的に推し進めている。滋賀県主導の「環境こだわり農産物」認証や高品質、良食味、安心・安全なグリーン近江米生産を推進するプリップリ米制度などを通じて、琵琶湖をきれいにしようという意識が農家にかなり浸透している。

そんな中、元ＪＡグリーン近江永源寺支店の支店長だった山川平兵衛さんを中心とした四名のグル

図3−18　「環境こだわり農産物栽培圃場」の看板と山川平兵衛さん

ープが、環境こだわり農産物への取り組みの中で玄米黒酢を利用した米づくりに平成十四年産米から挑戦している。

山川さんは、三重県に程近い山沿いの永源寺町でコシヒカリ、日本晴、山田錦を手がけ、それぞれの品種に玄米黒酢を散布している。図3−18にみるように、JAグリーン近江から、環境こだわり農産物栽培圃場に認定されているので、減農薬・減化学肥料栽培＋玄米黒酢の栽培体系をとった。種子消毒はすべて温湯殺菌でやり、育苗期に玄米黒酢五〇倍液を散布した。しっかりした苗と活着を良くするためだ。

(2)　成苗一本植えの効果を高める玄米黒酢

田植えは成苗一本植えで行なう。成苗植えの疎植栽培は、受光態勢が実に良く、光合成を盛んにしてくれる黒酢散布は効果を大きく引き出すことができると考えている。除草剤は、クサメッツフロアブル一回のみだ。コシヒカリには、田植え八日前の苗に五〇倍液を一回、分げつ期の六月八日、幼穂形成期の七月六日と七月十四日に五〇倍液を一〇アールあたり二五リットル、計四回散布した（図3−19、3−20）。日本晴には、五〇倍液を育苗期と分げつ期の六月八日、幼穂形成期の七月七日の計三回、山田錦には、五〇倍液を育苗期と出穂前の七月二七日の計二回葉面散布した。

どの品種も生育はすばらしく、今までにないでき具合であった。収量は、コシヒカリ、日本晴はどちらも約九・四俵とまずまずで、品質も両品種とも一等米であった。日本晴は、食味も向上したが、コシヒカリはもう少し食味を向上していきたいところだ。佐竹製の食味計で分析したところ日本晴で七五点、コシヒカリで七一点であった。

図3－19　玄米黒酢50倍液の葉面散布

図3－20　7月8日の近江コシヒカリの様子

(3)　こんなに楽しい米づくりはなかった!!

平成十四年産黒酢農法米をつくり終えて、課題はまだまだたくさんあるが、「黒酢を散布してイネの姿がかわり、色合いも思った感じでのってきて（図3−21）、粒張りの立派な米が収穫できたこと、その米がとてもおいしかったことで、こんなに米づくりが楽しかった一年はなかった」と山川さんはふりかえるほどだった。

十五年も四回の黒酢散布で米づくりに挑戦した。しかし、一〇年ぶりの冷夏は滋賀県も例外ではなく、相当な減収にみまわれた。通常でもコシヒカリで八俵半～九俵はとれるのだが、十五年産は一・九ミリの篩にかけて七俵どまりであった。黒酢散布は、育苗期、分げつ期、出穂直前と出穂後の穂揃い期の四回散布した。収量は及ばなかったが、良い穂をつけ、全量一等米であった。

今後とも玄米黒酢を利用して高品質米の生産に挑戦していく予定である。

図3−21　黒酢栽培の日本晴（右）と一般栽培の日本晴

黒酢栽培では葉色がグッと上がる

●ブランド米のさらなるグレードアップを
──北海道　ＪＡ東旭川「ふるさと屯田米」の生産者──

(1) 道内有数の良質米産地

旭川市は、道内でも有数の良質米産地である。旭川は盆地のため、気温の日較差が大きく、また石狩川の源流にほど近いため水質もきわめて良好なことが北海道の中でも米づくりに適している理由だ。そんな旭川市の近郊、東旭川地区の大規模圃場に、新潟産の玄米黒酢が散布されたのは、平成十五年のことだった。

旭川市で米穀、雑穀を商う(株)藤井は、ＪＡ東旭川産「ふるさと屯田米」というブランド米を立ち上げて販売してきた。「ふるさと屯田米」の立ち上げ当初は、特別栽培米として有機肥料を使っての有機栽培や減農薬栽培という冠をつけてのデビューであった。

ところが、近年のＪＡＳ法、米の表示方法の改正などで、表記方法の見直しが行なわれて、特徴的な表現ができなくなり、最終的には、商品名の「ふるさと屯田米」だけしか表記できなくなった。それでも長年の安定した良食味が評価されてきたので、旭川ブランド「ふるさと屯田米」は固定客の大きな支持に支えられている。

しかし、「このままで満足してはいけない」と、(株)藤井の角地常務は、さらなるグレードアップに燃え、屯田米に付加価値をつけるべくさまざまな農法を試みてきた。そして平成十五年黒酢農法との出会いがあった。「ふるさと屯田米」の品種は「ほしのゆめ」である。「きらら３９７」に続く北海道の奨励品種だ。

(2) 大圃場にブームスプレーヤーで散布

実際に黒酢散布試験をしたのは、ふるさと屯田米生産者グループの三橋繁男さんだ。圃場の区画が大きいため乗用のブームスプレーヤーによる葉面散布を行なった（図3-22）。さすが北海道はスケールが大きい。分げつ期、幼穂形成期、減数分裂期の三回、二〇〇倍液を一〇アールあたり約七〇リットル葉面散布した。

その結果、三橋さんの観察によれば、イネがシャキッと立っていて、見た目でも生育状況が他の圃場に比べて良好に感じられた（図3-23）。また、病虫害対策の農薬は散布しなかったが、カメムシなどの害虫も少なく、良い米に仕上がった。

三橋さんの玄米黒酢散布区と普通栽培区の栽培体系を表3―2に示す。また、ケットの簡易食味計

(3) タンパク質が減り、きれいな米に

図3―22　三橋繁男さんの「ふるさと屯田米」へのブームスプレーヤーによる黒酢散布風景

図3―23　黒酢散布した登熟期のほしのゆめ（8月26日）

表3－2　三橋さんの黒酢農法米の栽培体系（平成15年度）

栽培品種	ほしのゆめ（屯田米）
生産者	三橋　繁男
産地	北海道旭川市

	黒酢散布区	普通栽培区
移植日 栽培面積 植え付け株数	5月20日 59.4a 77株/3.3m^2	5月18日 43.1a 77株/3.3m^2
使用肥料	ミネカル 片倉チッカリン048 マドラグアノ 側条片倉チッカリン660	ミネカル トモエ化学502号 トモエ化学・アミアップ 側条片倉チッカリン660
葉面散布	200倍液　70*l*/10a 6月19日 7月10日 7月18日	花果神を散布 7月22日 8月1日 8月12日
収穫日 収量	10月11日 400kg/10a	10月27日 400kg/10a

表3－3　三橋さんの黒酢農法米食味検査結果（平成15年度）

	Kett AN-800					Kett RN-500				
	食味評価値	タンパク(%)	水分(%)	アミロース(%)	脂肪酸(mg)	整粒(%)	胴割れ(%)	未熟粒(%)	被害粒(%)	死米(%)
黒酢散布区	70	7.0	13.8	19.7	18.4	85.1	9.3	2.8	2.8	0.0
普通栽培区	66	7.7	14.7	19.9	18.3	80.4	8.8	6.6	4.2	0.0

（ＫｅｔｔＡＮ－６００）の結果は、表3－3のとおりだ。黒酢散布区と普通栽培区は、圃場条件はほぼ同じであるが、肥料体系がいくぶん違っていて（表3－2参照）玄米黒酢だけの効果とは言いがたいが、玄米黒酢区は、タンパク質含量が減少して食味が向上した。また、対照区と比較して見た目がきれいな玄米だった。新潟大学農学部での実験から示唆された玄米黒酢の葉面散布による窒素利用効率の改善作用（15ページ参照）が働いたのではないかと推察された。

平成十六年には、本格的に黒酢農法を実証していく予定で、旭川の気候風土、ふるさと屯田米ほしのゆめに合った玄米黒酢のより良い使い方を探っていく。「黒酢農法ふるさと屯田米」に期待が膨らんでいる。

●コシヒカリ一二俵どり!!　元気印高齢農業
――福島県双葉郡浪江町の吉田長寿さん――

吉田長寿さん（七三歳）は、作業委託も含めると一一町歩（ヘクタール）の米づくりを実践する元気なおじいちゃんだ。毎年六月頃、奥さんと一緒に玄米黒酢を買いに新潟までドライブに来られる。大面積の中の二町歩あまり、ちょっと特別な栽培法で、コシヒカリ一二俵どりを実現している。その栽培法には、玄米黒酢が欠かせないようだ。

（1）モミ殻くん炭、竹酢そして玄米黒酢

吉田さんの栽培法の特徴は、モミ殻くん炭と二種類の酢の活用だ。くん炭は土質の改良が目的である。酢の一つ竹酢は主に殺菌作用を期待して、もう一つの黒酢は栄養作用と登熟促進を目的に利用する。具体的に紹介すると、竹を燃料にしてモミ殻をくん炭にしている。くん炭装置は、新潟の熊谷農機製だ。くん炭づくりと同時に、竹炭と竹酢液がとれる。

モミ殻くん炭は一〇アールあたり六〇〇リットル投入する。基本的な肥培管理は、化成肥料で組み立て、マップ００５（N、P、K：一〇％、一〇％、五％）を側条施肥で一〇アールあたり二〇キロ、穂肥として出穂前三〇日に二〇キロの二回としている。田植えは、稚苗の坪六五株植えで五月十〜十五日にかけて少し遅めに行なう。中干しはきっちり行ない、発根を良くし、地盤を固める。

酢の散布は、出穂二五〜二〇日前の幼穂形成期と、穂揃い後一〇〜一五日の二回だ。玄米黒酢と春にできた竹酢液をそれぞれ二〇〇倍になるように調製し、一〇アールあたり一〇〇リットル葉面散布する。一回目は、しっかりした穂をつけるため、二回目は登熟を促進させるためだ。たわわに稔ったコシヒカリを刈り取るのは十月に入ってから、遅くなると十一月にかかることもあった。

(2) 平年一二俵、冷夏の平成十五年でも人の倍の収量

この玄米黒酢と竹酢液、モミ殻くん炭を活用する農法は、平成十二年から手がけている。収量の成果を列記すると、十二年は一二俵、十三年も一二俵、十四年は、訳あって新潟に行けず、大手メーカーの米酢を代用したが、結果は一〇俵と落ちてしまった。やはり、一二俵どりの秘訣は玄米黒酢にあったようだ。

そして玄米黒酢に戻した十五年、ご存知のとおり冷夏のため太平洋岸は大きな減収・大不作の年だった。結果として七俵であったが、周囲が三俵から四俵だったのに比べるとほぼ倍の収穫があった。前年と同じに米酢を使っていたら七俵には届かなかったであろうと吉田さんはふりかえる。これからはやはり玄米黒酢を積極的に使っていくべきだと考えている。

●玄米黒酢だけでいもち病の克服を!!

――岐阜県安八郡輪之内町の戸谷保夫さん――

（1）農薬の代わりに玄米黒酢を積極利用

戸谷保夫さんは、「ぎふクリーン農業」を実践しながら、消費者への直接販売にも積極的に取り組む専業農家である。玄米黒酢とは、平成十二年に月刊『現代農業』に石山味噌醤油（株）の玄米黒酢が紹介されていたのを見てからの付き合いだ。

「ぎふクリーン農業」とは、岐阜県が事業主体となって、生産者の認定制度や農産物の表示制度をきちんと決めて、安心・安全・健康な農産物を提供する運動だ。従来の栽培に比べ、化学合成農薬、化学肥料をそれぞれ三〇％以上削減した栽培を「ぎふクリーン農業」と定義している。

クリーン農業者として登録している戸谷さんだが、もっともっと農薬を減らした米づくりをしていきたいと考えていた。そこで、農薬の代わりに特定農薬に指定された食酢としての玄米黒酢を積極的に使用している。

（2）高濃度散布で菌をおさえる

減農薬栽培の内容は、播種時の紋枯病、ドロオイムシ、イネミズゾウムシ、ウンカ対策にリンバープリンスを箱あたり五〇グラム施用するほか、除草剤とカメムシ防除一回のみである。平成十五年は冷夏などの影響で本当に米づくりのたいへんな年となった。やはりいもち病が心配だった。農薬は使いたくないので、玄米黒酢のみでいもち対策を行なった。

生育期間中の黒酢散布は、出穂前三〇日と二〇日、出穂後七日と一四日の計四回、一回目は三〇〇倍、二回目からは一〇〇倍液を一〇アールあたり一〇〇リットル葉面散布した。玄米黒酢が健全な稲体をつくって抵抗性を高めてくれ、高濃度希釈液がいもち菌胞子の発芽を抑制してくれるという実験結果を信じて、とにかく散布した。その結果、うまく効いてくれた田んぼはほとんどいもち病の発生はなかった。

苦労のかいあって、期待どおりの効果だった。しかも葉の垂れが少なく、シャキッとしており、見た目でも虫や病気に強くなると思われた。それでも収量は、七・一俵だった。前年は七・七俵だったので、八％落ちという結果だった。しかし、何もしなければ、さらに減収だったのかもしれない。

(3) これからも使いやすい玄米黒酢を生かしたい

また、もうどうしようもないくらいの激発いもち病田になってしまったばあいは、玄米黒酢のみではどうにもならなかったことを補足しておく。

戸谷さんは現在、ステビア農法と黒酢農法をミックスして米づくりに励んでいる。いもち病対策としての玄米黒酢の利用は、気象条件、圃場条件、イネの状態にもよるのだが、「黒酢は使える」という判断をしている。今後とも積極的に使っていきたいという。特定農薬として認められているので使いやすく、減農薬栽培や無農薬栽培には有効だ。また、害虫の忌避効果も多少可能性があるように感じるという。

●玄米黒酢農法のもち米・酒米で地域のブランドづくり

もち米「こがねもち」での取り組み

——新潟県月潟村　(有)盈科《えいか》と(株)きむら食品——

(1)　食品会社からの提案でスタート

新潟には、ユニバーサルデザインを基本的な考えにして誰もが使いやすい、わかりやすい、環境にも人にもやさしい商品をつくっていこうとする新潟県内の企業連合「ＵＤ21にいがた」というグループがある。また、ＵＤ21にいがたの中に「黒酢農法プロジェクト」という分科会がある。

そのメンバーである（株）きむら食品から、環境を考えた黒酢農法を活用した商品、「黒酢農法のもち米を一〇〇％使った餅」を商品化したいという提案があった。さっそく、ＪＡ越後中央月潟支店の田辺文明支店長に相談し、紹介していただいたのが、(有)盈科であった。代表の児玉恒幸さんを中心に、五軒の農家が集まって結成された農業法人で、米、果物（西洋ナシ・ルレクチェ）、花の複合経営をしている。

(2)「こがねもち」に適した黒酢利用とは？

平成十三年には、試験的に三〇アールのこがねもちを黒酢農法で栽培してみた。移植後に玄米黒酢を、分げつ期、幼穂形成期、減数分裂期の三回散布した。希釈倍率は二〇〇倍で、大型の動力噴霧機を使って一〇アールあたり一〇〇リットル散布した。

盈科では、コシヒカリ以外の品種に玄米黒酢を散布するのははじめてであったが、やはりこがねもちは、コシヒカリとは違う特性を持っていた。出穂して登熟が進むにつれてだんだん力がなくなってくるのだ。そのため、登熟後期に病害にやられる確率が高くなってくる。現実に収穫適期に穂いもちが見受けられ、ところどころイネが立ったまま枯れている感じになってしまった。本来圃場全体が黄金色に色づくはずが、こげ茶色の部分がぽつりぽつりと見られたのだった。

試験栽培の反省点として、玄米黒酢散布の利点である、①光合成能力を向上させること、②しっかりした稲体をつくること、③病気に強くなること、をこがねもち栽培に生かすには、出穂後にも散布したほうが適しているという結論となった。

(3) 効果大!! 登熟期散布

翌年十四年には、三回目の黒酢散布を出穂後に変更した。ズバリ考え方は的中し、十四年秋には、立派なこがねもちが収穫された。平成十四年の栽培計画・実績表を表3-4に掲載する。

登熟期の黒酢散布は、こがねもちという品種の特性である登熟期後半の上位葉の枯れやすさを克服するために、玄米黒酢のアミノ酸効果が枯れ防止につながって有効と考えた。玄米黒酢が豊富に含むアミノ酸、有機酸の効果で光合成を活発にし、同化作用を促進させることで、稲体の窒素比率を下げ、炭素比率を上げることを期待したのである。結果は、上位三葉の枯れがなくなり、稲体が硬くしまってきて、葉が立っていた。しかも倒伏軽減剤を使用しなくとも目立った倒伏はなく、刈り取りもスムースで、収量も目標より三〇キロも多い五七〇キロだった。上位三葉の枯れ防止は、登熟期の根の状態を健全に保つことにつながり、登熟がしっかり進むと言われている。その点で、登熟期の黒酢散布は功を奏した。

法米栽培計画・実績表（平成14年度）

確認者：黒酢農法米プロジェクト　No.

玄米黒酢使用方法			確認印
散布方法 葉面散布 （大型動力噴霧器使用）	希釈倍率 200倍	散布方法 100～150l/10a	
その他			

使用資材							
		病害虫防除等					
実績		名称	計画		実績		
使用量	使用時期		使用量	使用時期	使用量	使用時期	
10kg	平成13年	【種子消毒】			200倍		
150kg	10月25日	スポルタックスターナ			3l/10a	3月25日	
	平成14年	【除草剤】					
		ユートピア15粒剤			3kg/10a	5月 8日	
15kg	4月20日	【殺菌・殺虫】					
		フジワン乳剤			航空防除	7月25日	
25kg	7月20日	トレボン乳剤			3l		
		モンセレンフロアブル					
		ブラシンジョーカー				8月 4日	

実績		農薬成分回数	
有機	無機	【種子消毒】	プロクロラス，オキソニック酢酸
	2.5kg	【除草剤】	シクロスルファムロン，ペントキサゾン
	1.5kg	【殺菌・殺虫】	イソプロチオラン，エトフェンプロックス，
4.6kg			ペンシクロン，シラフルオフェン，
1.5kg	1.5kg		フェリムゾン，フラサイド
			《計　10成分》
		収穫量	計画 540kg
6.1kg	5.5kg		実績 570kg

使用肥料中の窒素成分%を有機，無機に分け，10aあたり投入量を記入する

表3－4　もち米「こがねもち」黒酢農

生産者氏名	圃場番号所在地
住所　新潟県西蒲原郡月潟村 大字下曲129	
	作付け品種名 こがねもち
氏名 盈科　代表　児玉恒幸	栽培面積 90a
Tel　025－375－4074	

作業状況					
	計画	実績	施肥・土づくり等		
作業名			名称	計画	
	月日	月日		使用量	使用時期
播種		4月13日	塩安	10kg	
移植		5月 8日	オールベスト		
黒酢散布	6月10日	6月 3日			
〃	7月10日	7月 5日	化成肥料		
〃	8月10日	8月13日	（10－18－16）	15kg	
刈り取り	9月10日	9月11日	アトラス特号		
			（12－8－6）	30kg	

その他特記事項	窒素成分表	計画	
	肥料の名称	有機	無機
栽植密度　30cm×18.5cm 60株/3.3m^2 土壌分析値 CEC（塩基置換容量）　8me/100g 腐植　1.5%	塩安 化成肥料 オールベスト アトラス特号		
	合計		

施肥・土づくり等，病害虫防除等は，10aあたり使用量。窒素成分表に関しては，

図3－24　（株）きむら食品の黒酢農法栽培米「新潟産こがねもち」のパック

今後のこがねもち栽培では、登熟期での黒酢散布は欠かせないものとなっている。枯れ防止による登熟促進と体質改善、止葉の殺菌効果も期待して散布していくことにした。

今では、(株)きむら食品から毎年一定量の注文があり、黒酢農法こがねもちを潤沢に生産している。現状の目標は、さらなる品質向上で、登熟度合の向上を目指し、大粒でしっかりしたもち米をつくることである。

それには、いかに窒素を消費させ、炭素を効率良くデンプンに転換させ蓄積させるかにかかってくる。そこで玄米黒酢＋太陽が窒素消費に大きく貢献してくれると考えている。

毎年収穫された黒酢農法こがねもちは、(株)きむら食品によって年末にもちに加工、製品化されている。「黒酢農法栽培米　新潟産こがねもち」として角餅八切れ入りパックで、こだわり原料のおいしいおもちとして少し高めの値段で並んでいる（図3－24）。特にもちのねばり・のびが良く、おいしいと好評で、毎年完売している。

酒米「五百万石」での取り組み――（有）盈科と蔵元三社――

（1）「スローフードにいがた」の運動のなかで

前出の「ＵＤ21にいがた」の中で、「スローフードにいがた」という分科会が平成十五年に立ち上がった。石山味噌醤油（株）の石山謹治会長が当分科会の会長を務める。新潟の伝統食品や郷土料理、地場の食材を見直し、大切にして、生産する人、加工する企業、流通する問屋・スーパー、消費する生活者全員で「食」について考えていこうという活動だ。また、このおいしい新潟を再発見し、未来を担う子供たちに良いかたちで残し、伝えていこうとする活動である。

このスローフード運動の中で、「新潟と言えばお酒である。黒酢農法の酒米でつくったお酒が飲みたい」という発想が生まれた。スローフードにいがたのメンバーである新潟酒販（株）を通じて数社の蔵元に「玄米黒酢を散布して元気に育てた良質な酒米をつくるから、その酒米でおいしいお酒をつくってくれないか」と声をかけてみた。さっそく賛同してくれたのは、小千谷市の新潟銘醸（株）、水原町の白龍酒造（株）、佐渡の（株）北雪酒蔵の三社であった。

(2) 環境を考えたこだわり米を三社で仕込む

酒の蔵元さんは、イメージ的には、酢を嫌う。なぜなら酒が腐ると酢になるからだ。酢をつくる酢酸菌は、酒のアルコール分が大好きで、アルコールを酢酸に変えてしまう菌だからである。万が一酒蔵に酢酸菌が蔓延したら、酒はできなくなってしまう。最初は少し抵抗感があったかと思われるが、今回の提案は、酢そのものを持ち込むものではなく、酢で育てたお米を使ってという話だったので、この企画は進んだ。「黒酢農法米五百万石」は環境改善を視野に入れたこだわり米であること、同じ原料を数社で酒を仕込むという新しい試みがポイントだった。

三社合計三〇〇俵（約四ヘクタール分）の「五百万石」の栽培に携わった（有）盈科の泉田辰則さんと野沢栄さんは、西蒲原郡の平地での五百万石づくりの苦労を次のように語る。

図3－25　（有）盈科「五百万石」への玄米黒酢の葉 面散布風景（6月7日）

五百万石は早生品種であり、出穂が早い。周りはほとんどコシヒカリを栽培しているので、特に集中してスズメに狙われる。そこでいくらか収量を減じてしまうので、防鳥対策をしなければならない。玄米黒酢がスズメの忌避効果があればよいのだが、効果はないようだ。それでも減農薬・減化学肥料の基準の中で栽培していきたいという考えがあるので、使用する剤は限られている。

図3－26　8月4日「五百万石」の出穂

図3－27　8月21日「五百万石」の登熟

米栽培計画・実績表（平成15年度）

確認者：黒酢農法米プロジェクト　　No.　2

玄米黒酢使用方法			確認印
散布方法 葉面散布 （大型動力噴霧器使用）	希釈倍率 200倍	散布方法 100〜150l/10a	
その他			

使用資材

実績 使用量	実績 使用時期	病害虫防除等 名称	計画 使用量	計画 使用時期	実績 使用量	実績 使用時期
20kg	4月24日	【種子消毒】	200倍		200倍	
		スポルタックスターナ	3l/10a	3月25日	3l/10a	4月 1日
40kg	6月28日	【除草剤】				
		ダブルスター	400g	5月15日	400g	5月12日
20kg	7月 5日	【殺菌・殺虫】				
		デラウスプリンス箱処理剤	1kg	5月10日	1kg	5月 7日
15kg	7月11日					
15kg	7月21日					

実績 有機	実績 無機
	3.0kg
1.6kg	
1.8kg	
3.4kg	3.0kg

農薬成分回数

【種子消毒】　プロクロラス，オキソニック酢酸

【除草剤】　ピラゾスルフロンエチル，フェントラザミド

【殺菌・殺虫】　フィプロニル，ジクロシメット

《計　6成分》

収穫量	
計画	540kg
実績	498kg

使用肥料中の窒素成分%を有機，無機に分け，10aあたり投入量を記入する

表3－5　酒米「五百万石」黒酢農法

生産者氏名	圃場番号所在地
住所　新潟県西蒲原郡月潟村大字下曲129	泉田辰則
氏名　盈科　代表　児玉恒幸	作付け品種名　五百万石
Tel　025－375－4074	栽培面積　400a

作業状況			施肥・土づくり等		
作業名	計画	実績	名称	計画	
	月日	月日		使用量	使用時期
塩水選	3月25日	4月 1日	苦土入化成肥料（10－20－17）	20kg	4月20日
播種	4月12日	4月13日	シェルグリーン（貝化石）	20kg	6月25日
移植	5月10日	5月 9日	有機8号（8－8－ 8）	20kg	7月 5日
黒酢散布	6月10日	6月 7日			
2回目	7月10日	7月13日	ホークス有機	15kg	7月10日
3回目	8月10日	8月12日	（6－10－8）	15kg	7月20日
刈り取り	9月 5日	9月12日			

その他特記事項

栽植密度　30cm×18.5cm

60株/$3.3m^2$

土壌分析値

CEC（塩基置換容量）

10～25me/100g

腐植　1.5～3.5%

窒素成分表	計画	
肥料の名称	有機	無機
苦土入化成肥料		3.0kg
有機8号	1.6kg	
ホークス有機	1.8kg	
合計	3.4kg	3.0kg

施肥・土づくり等，病害虫防除等は，10aあたり使用量。窒素成分表に関しては，

(3) 病気に強く、心白がしっかりした大粒米を黒酢利用で

平成十五年度の栽培計画・実績表を表3−5に示す。四〇〇アールの栽培面積で、圃場によって若干の日付のズレはあるものの代表的な栽培法を示した。使用農薬は種子消毒も含めて六成分におさえた。玄米黒酢二〇〇倍液を分げつ期、幼穂形成期、乳熟期に一〇アールあたり一〇〇〜一五〇リットル三回散布して力強いイネにすることで、病気への抵抗性を強めることをねらっている（図3−25〜3−27）。

この年は、天候不順も重なり、収量は若干落ちたものの、酒蔵三社に納得していただける酒米をつくることができた。

酒米としては、心白《しんぱく》がしっかりしていて千粒重が重い大粒の米が求められる。それには、不要な茎はつくらず、穂長をむやみに長くせず、上位三葉をしっかり残しながら登熟を進め、心白をしっかりつくることが肝心だ。黒酢散布により有効茎歩合を高める効果、後半の葉の殺菌効果と枯れ防止効果を有効に利用して、良質酒米生産に活用していく予定だ。

(4)　三蔵元の個性豊かな純米吟醸酒が誕生

こうしてできた五百万石は、ＪＡ越後中央月潟支店を通して各蔵元へ供給される。そしてそれぞれの蔵元で冬から春にかけてじっくりと醸造され、純米吟醸酒に生まれ変わる。平成十四年産の五百万石でつくられた三銘柄の商品説明書を表3－6に掲載する。それぞれ特徴のある酒に仕上がったり、同じ原料を使っているのにこれほど変わるものかと感じられるほどである。まさに微生物が主役の醸造の奥深さを再認識させられる。このように蔵元各社の個性が楽しめる、他に類をみない純米吟醸酒が誕生したのである。

お酒」——3社の商品説明書

純米吟醸「越の白龍」720m*l*			
社			
米五百万石 かでコクが 良いお酒で			
(税別)			
(化粧箱入)			
244333			
やや淡麗・淡麗			
口・やや辛口・辛口			
百万石(60%)	美味しい飲み方提案	ロック	冷やして
百万石(60%)			
15度		常温	ぬる燗
+4			
1.8		お燗	熱燗
1.0			

黒酢農法米使用　純米吟醸「北雪」720m*l*				
株式会社　北雪酒造				
口中に広がるバランスの良い, やわらかい辛口。				
1,500円(税別)				
720m*l*/12本入(化粧箱入)				
49－31141－136500				
濃淡	濃醇・やや濃醇・やや淡麗・淡麗			
甘辛	甘口・やや甘口・中口・やや辛口・辛口			
原料米 (精米歩合)	麹米:五百万石(58%)	美味しい飲み方提案	ロック	冷やして
	掛米:五百万石(58%)			
アルコール度数	15.8度		常温	ぬる燗
日本酒度	+3			
酸度	1.5		お燗	熱燗
アミノ酸度	1.1			

表3－6　「黒酢農法米の

商品名	黒酢農法米使用　山廃　純米吟醸「越後の長者」720ml				
メーカー名	新潟銘醸　株式会社				
商品特徴	黒酢農法米で育てたお米を山廃仕込みという伝統的な造りで深みのある味わいの純米吟醸酒に仕上げました。				
小売価格（希望価格）	1,500円（税別）				
容量・入り数	720ml/12本入（化粧箱入）				
JANコード	49－65647－310805				
味わい	濃淡	濃醇・やや濃醇・やや淡麗・淡麗			
	甘辛	甘口・やや甘口・中口・やや辛口・辛口			
成分規格	原料米（精米歩合）	麹米：五百万石（55%）	美味しい飲み方提案	ロック	冷やして
		掛米：五百万石（55%）			
	アルコール度数	15度～16度		常温	ぬる燗
	日本酒度	±0～＋1			
	酸度	2.2～2.0		お燗	熱燗
	アミノ酸度	1.5～1.6			

商品名	黒酢農法米使用	
メーカー名	白龍酒造　株式会	
商品特徴	新潟県産黒酢農法を使用したまろやある，口当たりのす。	
小売価格（希望価格）	1,500円	
容量・入り数	720ml/12本入	
JANコード	49－77042－	
味わい	濃淡	濃醇・やや濃醇・
	甘辛	甘口・やや甘口・中
成分規格	原料米（精米歩合）	麹米：五
		掛米：五
	アルコール度数	
	日本酒度	
	酸度	
	アミノ酸度	

第4章

〈事例〉野菜や果樹、芝などでの玄米黒酢利用

●イチゴ「越後姫」の大敵うどんこ病を防ぐ

――新潟市　渡辺久昭さん――

(1) 味は最高だがうどんこ病に弱い

新潟県の奨励品種、越後姫をつくる渡辺久昭さん（六四歳）は、「玄米黒酢は間違いない」と太鼓判を押す。イチゴ栽培に玄米黒酢を利用して、かれこれ五年が経過するが、渡辺さんは、総面積二一〇坪（約七アール）のハウスで高うね栽培で越後姫を促成栽培している専業農家だ（図4−1、4−2）。イチゴのほかセロリ、シュンギク、カボチャなどの野菜、米を手がける。

越後姫という品種は、見た目はちょっと不恰好で「姫」とは言いがたいところもあるが、とても良い香りで、一口食べれば甘味がひろがり、やみつきになるおいしさで

図4−1　渡辺さんの80坪の越後姫栽培ハウス

ある。生産量はあまり多くなく、県外にはなかなか出ない、新潟でしか味わえない逸品である。市場でもいくぶん高めに流通しており、一月、二月の出始めの頃は、なかなか買い物カゴに入れにくいイチゴと言える。

そんな越後姫の欠点は、イチゴの大敵、うどんこ病に弱いことで、けっこう栽培には気をつかう。

図4－2　越後姫の促成・高うね栽培

(2)　玄米黒酢とさまざまな活性化資材を組み合わせる

渡辺さんは、玄米黒酢を使う前の年、全棟うどんこ病にやられ、全滅した経験をもつ。何か良い手はないものかと模索中に、息子さんの友人を通して石山味噌醤油(株)と玄米黒酢に出会った。

いちかばちかで試験的に玄米黒酢を使ったところ、うどんこ病を完全には防げなかったものの、被害回避に大きく貢献してくれた。酢が散布される環境を嫌がらないかと心配していた受粉係のハチも元気良く飛び回ってくれた。以来、玄米黒酢を欠かせなくなった。

もちろん、玄米黒酢だけに頼ったのではなく、木酢液や強酸性水、糖蜜などいろいろと試してみた。さまざまな試行錯誤の結果、現在では玄米黒酢、植酸、ビール酵母、ケイ酸、ＰＫ肥料、万田酵素の複合体系で、イチゴと相談しながら組み合わせを変えたりする肥培管理に落ち着いた。各資材の目的については以下のとおりである。玄米黒酢は健全生育のため漢方薬的に使用し健康体を維持する。植酸は青枯れ・萎ちょう病の予防に一〇〇倍液を土壌灌注する。ビール酵母は、三〇倍にして元気のない葉に葉面散布すると葉が立ってくる。ケイ酸はイチゴの実をひきしめるためである。ＰＫ肥料は、リン酸とカリの配合液肥でバランスのとれた肥効を狙う。万田酵素には果肉の充実と果汁の充実を期待している。

渡辺さんの栽培方針は、「イチゴの体を元気に育て、できるだけ農薬に頼らないこと。万が一病気が出たばあいは、対症療法として農薬を使うこと」が基本だ。その中で玄米黒酢は、右に述べたようにイチゴの健康を維持するための漢方薬的位置づけで、目に見えてすばらしい出来にはならないが、悪いことが起こらないということは重要なことだ。いわば玄米黒酢は東洋医学、農薬は西洋医学という考え方をしている。安心・安全なものをつくりたいという意欲が、このような組み合わせを生み出している。

(3) 冬の生長期と春の出荷期の黒酢利用

・冬場は葉面散布中心に

渡辺さんの栽培暦は図4－3のとおりで、玄米黒酢の具体的な利用方法は、次のようにしている。冬場（十二月、一月）は、玄米黒酢を二〇〇～三〇〇倍にうすめて二週間に一回、八〇坪（二・六アール）あたり一〇〇～一五〇リットル葉面散布する。また、月に一回五〇〇倍液を六〇〇～七〇〇リットル土壌灌注する。当然ハウス内の温度管理にも細心の注意をはらう。生長期のこの時期は根が元気になること、葉がしっかり展開することが栽培のポイントだ。葉面散布回数が多いのは、病気などに負けないように葉の状態を健全に保つことが主目的であるからだ。実際に葉面散布をすると葉が硬くなり、しっかりと立ってくる。

・二月からは土壌灌注中心に

そして出荷のピークを迎える二月から五月には、土壌灌注の回数を増やす。だいたい一週間に一回のペースだ。収穫期になると根から吸収する養分や水分が直接果実に反映してくる割合が高くなるからだ。

また、土壌灌注のやり方次第でずいぶんと味が違ってくるから、液肥や前出の各種資材との組み合

チゴ「越後姫」栽培暦

9	10	11	12	1	2	3	4	5
定植開始		1番花 → 開花・収穫		2番花 → 開花・収穫	3番花 → 開花・収穫			
うね幅一二〇センチ、株間二五センチ、条間二五〜三〇センチ　2条植えの高うね栽培		冬場の温度管理 25〜28℃のやや高温管理 1回／2週間　玄米黒酢二〇〇〜三〇〇倍液、三・三平方メートル当たり約一・八リットル葉面散布 1回／月　五〇〇倍液、三・三平方メートル当たり約八・五リットル土壌灌注			1回／2週間　二〇〇倍液、三・三平方メートル当たり一・八リットル葉面散布 1回／1週間　五〇〇倍液、三・三平方メートル当たり八・五リットル土壌灌注			

わせが重要である。その組み合わせは、イチゴの状態に合わせて経験をもとに判断する。たとえば、実の肥大が思わしくないばあいは、肥大促進のため液肥と万田酵素を混合し、同時に、軟らかくなりすぎないように玄米黒酢とケイ酸を加える。実のしまりが足りないようであれば、玄米黒酢やケイ酸の水溶液を灌注する。イチゴの顔を見ながら散布量の加減をしていく。

　葉面散布は同様に二週間に一回行なっていく。ポイント

図4－3　渡辺さんのイ

	1月	2	3	4	5	6	7	8
作業	苗作り開始						育苗開始 移植・ポット	
	前作収穫期（1月～4月）						空中採苗	

※植酸は，土壌灌注の際に不定期に100倍液を混合する
※ビール酵母は，30倍液を葉が少し元気がなくなっているようなときに玄米黒酢と混合して葉面散布する
※ケイ酸は，暖かくなってきたら果実を引きしめるために投入する
※PK肥料は，樹勢をみながら土壌灌注する
※果実の肥大がよろしくないばあい，万田酵素10,000倍液を葉面散布

図4－4　越後姫の3月初旬(1番果と2番果の間の時期)の生育

は、水だけでの灌注はしないこと。必ず玄米黒酢や他の資材を混用することだ。

(4) 果実のしまりもよくなった

玄米黒酢を肥培管理に取り入れてからの効果は、とにかく実が引きしまること、越後姫は比較的軟らかい品種なだけに効果的だという（図4−4）。また、うどんこ病の心配が少なくなったこと、アブラムシも少なくなったこと、なり疲れがなくなり、収穫期間が前より延長したことがあげられる。

●メロン　農薬アレルギー農家が玄米黒酢利用で減農薬

——新潟市　滝沢さん——

新潟市の滝沢さんは、メロン栽培を中心に野菜と米の複合経営を営む専業農家である。新潟市の海岸沿いは、砂丘地でスイカ、メロンなどのつるものやダイコン、タバコなどの栽培が盛んである。滝沢さんは、写真のようにトンネル早熟栽培でメロン栽培をしている（図4−5、4−6）。現在では新潟県の減農薬・減化学肥料栽培メロンとして認証を取得し、有利販売に結び付けている。

(1) 「人が飲めるから絶対安心」と玄米黒酢を選択

滝沢さんはあまり近代農業に適さない体質の持ち主で、とにかく化学合成農薬に対して皮膚が敏感で、直接触れようものならすぐに皮がむけてしまう。近年の野菜生産は、見た目重視で収量性を極端に追求するため、どうしても農薬に頼らざるを得ないが、農薬に強い体質への改善は難しい相談である。滝沢さんが選択した道は、やはりひとつしかなかった。品質と経営の採算性を保ちながらできる

図4－5　滝沢さんのトンネル早熟メロン栽培

図4－6　ネットがよく形成されたメロン

図4－7　滝沢さんのトンネル早熟栽培メロン栽培暦

2月	3月	4月	5月	6月	7月	8月
播種	育苗	定植		開花	収穫始め	
		整枝作業		ミツバチによる交配		終わり
	土壌灌注 1回／週 玄米黒酢一五〇〇倍液		／適宜　整枝作業時 一〇〇〇倍液葉面散布	五〇〇倍液葉面散布 五〇〇倍液葉面散布	葉面散布 1回／10日 一〇〇〇～一五〇〇倍液	

だけ農薬を使わずに農業をしていくことだった。

殺菌効果のありそうなものをいろいろと試してきた中で、玄米黒酢を選択した。その理由は、やはり「人が飲んでいること」。これが絶対の安心につながっている。また、食酢は特定農薬として国に認められているのでよけいに使いやすいということだ。

野菜などの減農薬栽培環境という点から考えると、新潟県は減農薬や無農薬栽培にはあまり適さない環境といえる。梅雨時期になると連日高温多湿となり、病原菌の増殖には最適な条件になる。そのため、梅雨時期を越える作型の野菜は、減農薬栽培が非常にむずかしい。したがって、栽培品種もおのずと限定されてくる。問題となる病気は、べと病、菌核病、つる枯病、うどんこ病、斑点病などがあげられる。滝沢さんは現在では、七月五日から十日頃に収穫期をむかえるネット系の高級メロン栽培で減農薬栽培を実践している。滝沢さんのメロン栽培のあらましは図4－7に示した。

(2) 育苗期は土壌灌注、定植後は整枝時に葉面散布

玄米黒酢の利用は、育苗期から収穫期まで栽培全期間にわたっている。二月の下旬に播種し、四月初旬の定植までの育苗期には、一週間に一回一五〇〇倍液の玄米黒酢を土壌灌注している。根からの吸収を主体に考え、薄めの濃度で体力づくりをゆっくり促進させる。

いっぽう、葉面散布は一〇〇〇倍液で葉の状態があまり良くないときにやっている。ウリ科野菜は、葉が広く、酢酸に対する感受性が高いと思われたので、土壌灌注を主体に組み立てた。あまり濃いめの濃度で散布すると葉が硬くなりすぎて、ガチガチとしてくる。

定植後から五月中・下旬の開花期を迎えるまでの作業として整枝作業がある。一株に二本のつる、一本のつるに二個のメロンしかつけないので、合計四個しかつくらない。どんどん出てくるわき芽を摘んでやらなければいけない。その摘んだ後から傷口の殺菌も兼ねて玄米黒酢の一〇〇〇倍液を散布してやる。整枝作業がだいたい二回転ほどするので、二回の散布となる。

(3) 開花前に高濃度散布で生育転換

五月の半ば頃から開花が始まる。開花前に玄米黒酢五〇〇倍液を散布する。今までよりも濃い濃度

で与えてやるのには理由がある。開花期は栄養生長期から生殖生長期へと転換する大事な時期である。このときにメロンの樹にとって何らかのストレスがあると、危険を感じてすぐにでも子孫を残そうと実をつけ、種子をつくろうとする反射的反応をしめす。玄米黒酢を若干高濃度にすることによって、このストレス的な役割を担ってもらおうというのである。

もちろん玄米黒酢のアミノ酸は、栄養的に働いてくれるので、生長促進効果も期待している。したがって、この開花期の玄米黒酢五〇〇倍液の散布目的としては、「樹勢を保ちながら生殖生長にうまく転換させる」ということだ。開花前には三日おきに二回散布するのがポイントだ。濃いものを一回、薄いものを三回ではなく、五〇〇倍で二回が一番目的を達成できた。一回のみでやめると生育ステージの転換がうまくいかず、三回にすると逆に大きなストレスとなってその後の成熟に影響する。

また、この時期の葉面散布は、硝酸態窒素の消化を促進してくれるように思われる。葉色を観察していると、玄米黒酢を散布した畑の葉の色がスーと薄くなってくるのである。木酢でも同じ効果が得られることを経験している。

(4) 肥大・成熟期はアミノ酸補給と防除効果向上に

開花期の後は、五〇日から五五日で収穫期を迎える。この間は、一〇〇〇～一五〇〇倍液を一〇日おきに葉面散布する。玄米黒酢に含まれるアミノ酸の栄養効果を狙っている。また、一回おきにアブラムシ、コナジラミ、べと病、うどんこ病、つる枯病、斑点病に対する殺虫剤、殺菌剤を混合する。玄米黒酢の酢酸成分は葉からの吸収性がよく、混合散布は農薬の効きも良いように感じられるし、玄米黒酢には、若干の糖分が残っているので、この糖分が展着剤的な働きをするのか、農薬成分の付着が良いように感じられる。アブラムシはなかなかおさえられないが、病害は玄米黒酢を使わないばあいと比較すると全般的に発生は少なく、蔓延しない。

農薬を極力控えたていねいなつくりは、市場評価も高く、ギフト用としての需要も年々増えている。

玄米黒酢でダイズのカメムシ害が軽減

新潟大学の校内には、松林を残した大学の森があり、またあちこちに雑草がおい茂っている。そんな環境のため、秋ともなるとダイズ畑には定期的に農薬を散布しないと、カメムシによって種子が全滅してしまう。

六月中旬に、エンレイを一／二〇〇〇アールポットに移植して、七月九日より玄米黒酢二五〇倍液をときどき散布した。各処理区にポットを六～八使用し、七月下旬に開花始となった。

玄米黒酢によるダイズのカメムシ被害の軽減（完全成熟前）　左：対照区，右：玄米黒酢散布区

サヤの中で種子が大きくなりはじめている九月五日の段階で、ポットに育っているサヤのうち、対照区は二三%が被害を受けたのに対して、玄米黒酢散布区は一一%の被害であった。十月三日に収穫してサヤを調べてみると、対照区は五二%と約半分が被害を受けていた。いっぽうの玄米黒酢区は三六%であった。完全成熟前に採取したものは、玄米黒酢散布区のサヤは緑色なので色が濃く見えるが、対照区は茶色のものが多いので色が薄く見える（写真）。

●ナシ・西洋ナシ　玄米黒酢で弱った樹に勢いがもどった
——新潟県月潟村　田辺文明さん——

(1) 後半の玉伸びが課題

新潟県西蒲原郡月潟村は、日本一長い信濃川の分流である中之口川沿いに位置する。田んぼもたくさんあるが、川沿いの集落では果樹栽培がとても盛んだ。特にナシ栽培は盛んで、「月潟梨」として有名だ。村内には、国指定天然記念物「月潟類産ナシ」の樹もある。この類産ナシは、文政年間に千葉県から苗を求め、月潟梨として栽培されたものの最後の生き残りだ。推定樹齢一九〇年、根元周囲は二・四メートルもあり、枝張りは六メートル以上である。現在も元気だそうだ。

また、西洋ナシ「ル・レクチェ」の栽培も盛んである。ル・レクチェは、十月二十日ころ収穫し、その後追熟してから出荷する。ちょうど十二月ころの出荷となるので高級西洋ナシとしてお歳暮用に重宝されている。

月潟村の田辺文明さんは、幸水、豊水、新高、ル・レクチェを栽培する兼業農家だ。平成十四年、田辺さんのナシ畑には元気のない樹が数本あった。そこで、イネを元気にしてくれる玄米黒酢をナシ

表４－１　田辺文明さんの日本ナシ（幸水）の生育・作業と防除

期日	生育ステージ	防除	対象病害虫・玄米黒酢散布
前年11月～3月	せん定		
3月下旬	発芽期，元肥		
4月初旬	脱苞期	防除①	殺菌剤　黒星病，赤星病，輪紋病
4月中旬	展葉期	防除②	殺菌剤　黒星病，赤星病，輪紋病
			殺虫剤　ハマキムシ類，ハダニ類
	開花		
4月下旬	落花初期	防除③	殺菌剤　黒星病，黒斑病，赤星病，輪紋病
			殺虫剤　ハマキムシ類，シンクイムシ類，クワコナカイガラムシ
5月上旬	結実判明期	防除④	殺菌剤　黒星病，黒斑病，赤星病，輪紋病
5月中旬	予備摘果期	防除⑤	殺菌剤　黒星病，黒斑病，輪紋病
			殺虫剤　アブラムシ類，シンクイムシ類
5月下旬	仕上げ摘果期	防除⑥	殺菌剤　黒星病，黒斑病，赤星病，輪紋病
			殺虫剤　アブラムシ類，ハマキムシ類，シンクイムシ類，クワコナカイガラムシ
6月1日頃	仕上げ摘果期	防除⑦	殺菌剤　黒星病，黒斑病，輪紋病
			殺虫剤　アブラムシ類，シンクイムシ類，クワコナカイガラムシ
			特定農薬　玄米黒酢 250倍液 400l/10a
6月10日頃	補正摘果期	防除⑧	殺菌剤　黒星病，黒斑病，赤星病，輪紋病
			殺虫剤　ナシチビガ，シンクイムシ類，ハマキムシ類
			特定農薬　玄米黒酢 250倍液 400l/10a
6月20日頃	補正摘果期	防除⑨	殺菌剤　黒星病，黒斑病，輪紋病
			殺虫剤　ハダニ類
			特定農薬　玄米黒酢 250倍液 400l/10a
6月30日頃	新梢停止期	防除⑩	殺菌剤　黒星病，黒斑病，輪紋病
			殺虫剤　ナシチビガ，シンクイムシ類，ハマキムシ類
			特定農薬　玄米黒酢 250倍液 400l/10a
7月中旬	果実肥大期	防除⑪	殺菌剤　黒星病，黒斑病，輪紋病
			殺虫剤　ナシチビガ，シンクイムシ類，ハマキムシ類
			特定農薬　玄米黒酢 250倍液 400l/10a
7月下旬	果実肥大期	防除⑫	殺菌剤　黒星病，黒斑病，輪紋病
			殺虫剤　ハダニ類
			特定農薬　玄米黒酢 250倍液 400l/10a
8月上旬	果実肥大期	防除⑬	殺菌剤　黒星病，輪紋病
			殺虫剤　アブラムシ類，シンクイムシ類
			特定農薬　玄米黒酢 250倍液 400l/10a
8月中旬	収穫直前	防除⑭	殺菌剤　黒星病，輪紋病
			殺虫剤　ナシチビガ，シンクイムシ類，アブラムシ類
			特定農薬　玄米黒酢 250倍液 400l/10a
8月中旬～	収穫		

元肥：ナシ専用元肥　160kg/10a

にも散布したら、元気を取りもどしてくれるのでは、と考えた。その樹の問題点は、毎年初期生育は順調に見えるが、後半に樹勢が落ちて玉伸びが悪くなり、通常２Ｌサイズになるようなものも八〇パーセントくらいにしかならず、ＬサイズやＭサイズになってしまうし、変形果も多く発生することだ。

図4－8　ナシ園への玄米黒酢250倍液の散布

玄米黒酢散布の目的としては、肥料効果、光合成促進効果が樹勢にプラスの影響を及ぼさないかという点だった。また、玄米黒酢が殺菌剤の代替になるかどうかも検討した。

(2)　農薬との混合利用で効果

試験散布した品種は、赤ナシの幸水だ。仕上げ摘果期の六月から果実肥大期の八月中旬まで、一〇日に一回の割合で二五〇倍液の玄米黒酢を一〇アールあたり約四〇〇リットル散布した。そのとき、防除暦に従って殺虫剤を混和した。この時期は、黒星病と輪紋病予防の殺菌剤を毎回のように使用するのだが、後半の収穫期に近づく

図4－9　玉伸びがよくなった幸水

二回分をカットした。樹の状態もよく、黒星病の被害にあわずに収穫できた。心配していた玉伸びもかなり良い傾向がみられ、周りの樹と同じように収穫できた。元気のない樹に勢いを与え、農薬も減らしていけそうな結果が得られたのである（表4－1）。

平成十五年は、幸水、豊水、新高、ル・レクチェに、十四年と同じように六月から八月にかけて玄米黒酢を使用した。曇天続きの天候不順で、低温が続いたせいか病気の出やすい年で、六月初旬殺菌剤を省略したことが響いて、残念ながら幸水に黒星病がけっこう出てしまった。全体的に一割ほどの収量減を招いてしまった。

(3)　ル・レクチェの収量アップ、輪紋病にも効果

そんな中、六月上旬から十月上旬にかけて黒酢散布をしたル・レクチェには効果が現われた。通常の農薬体系に玄米黒酢散布を加えた栽培体系である（表4－2）。特に輪紋病の被害果が少なくなった。

表4－2　田辺文明さんの西洋ナシ（ル・レクチェ）の生育・作業と防除

期日	生育ステージ	防除	対象病害虫・玄米黒酢散布
2月初旬	せん定		
3月下旬	発芽期，元肥		
4月初旬	発芽期	防除①	殺菌剤　輪紋病，黒斑病
4月中旬	脱苞期	防除②	殺菌剤　輪紋病，黒斑病，赤星病
			殺虫剤　ハマキムシ類，ハダニ類
4月下旬	開花直前	防除③	殺菌剤　輪紋病，黒斑病
			殺虫剤　ハマキムシ類，ハダニ類
5月上旬	落花直後	防除④	殺菌剤　輪紋病，黒斑病，赤星病
			殺虫剤　アブラムシ類，ハマキムシ類，シンクイムシ類，クワコナカイガラムシ
5月中旬	生理落果期	防除⑤	殺菌剤　輪紋病，黒斑病
			殺虫剤　アブラムシ類，シンクイムシ類
5月下旬	予備摘果期	防除⑥	殺菌剤　輪紋病，黒斑病，赤星病
			殺虫剤　アブラムシ類，ハマキムシ類，シンクイムシ類，クワコナカイガラムシ
6月上旬	仕上げ摘果期	防除⑦	殺菌剤　輪紋病，黒斑病
（輪紋病感染期）			殺虫剤　アブラムシ類，シンクイムシ類，クワコナカイガラムシ
			特定農薬　玄米黒酢 250倍液 400l/10a
6月中旬	袋かけ期	防除⑧	殺菌剤　輪紋病，黒斑病，赤星病
（輪紋病感染期）			殺虫剤　ナシチビガ，シンクイムシ類，ハマキムシ類
			特定農薬　玄米黒酢 250倍液 400l/10a
6月下旬	袋かけ期	防除⑨	殺菌剤　輪紋病，黒斑病
（輪紋病感染期）			殺虫剤　ハダニ類
			特定農薬　玄米黒酢 250倍液 400l/10a
7月初め	新梢停止期	防除⑩	殺菌剤　輪紋病，黒斑病
			殺虫剤　ナシチビガ，シンクイムシ類，ハマキムシ類
			特定農薬　玄米黒酢 250倍液 400l/10a
7月中旬	果実肥大期	防除⑪	殺菌剤　輪紋病，黒斑病
			殺虫剤　アブラムシ類，ハマキムシ類，シンクイムシ類，クワコナカイガラムシ
			特定農薬　玄米黒酢 250倍液 400l/10a
7月下旬	果実肥大期	防除⑫	殺菌剤　輪紋病，黒斑病
			殺虫剤　ハダニ類
			特定農薬　玄米黒酢 250倍液 400l/10a
8月上旬	果実肥大期	防除⑬	殺菌剤　輪紋病，黒斑病
			殺虫剤　アブラムシ類，シンクイムシ類
			特定農薬　玄米黒酢 250倍液 400l/10a
8月下旬	果実肥大期	防除⑭	殺菌剤　輪紋病，黒斑病
			特定農薬　玄米黒酢 250倍液 400l/10a
9月上～中旬		防除⑮	殺菌剤　輪紋病，黒斑病
			特定農薬　玄米黒酢 250倍液 400l/10a
10月上旬		防除⑯	殺菌剤　輪紋病，黒斑病
			特定農薬　玄米黒酢 250倍液 400l/10a
11月上旬	収穫期		
	追熟		
12月初旬	出荷		

元肥：ナシ専用元肥　160kg/10a

図4－10　収量・品質が高まり輪紋病の発生が抑制されたル・レクチェ園

少しでも輪紋病に感染したル・レクチェは、追熟期間中（十月二十日〜十二月初旬）に腐ってくる。例年約二〇%の発生があり、出荷できずに処分するが、黒酢散布をした十五年度は、約五%の発生率にとどまった。輪紋病が少ないということは、お客様に届いた後の実の傷みも遅くなり、田辺さんのル・レクチェは、他の人のル・レクチェと比べて腐りがなかったと喜ばれた。また、全体的に大玉であり、例年四キロ箱に一二玉入るところ、一〇玉しか入らなかった。以上のように収量・品質面において好結果が得られた。

今後の課題として、化学合成農薬の使用が頻繁な果樹栽培の中で、玄米黒酢を葉面散布することによって、品質・収量を向上させると同時に、減農薬化につながるよう、気象条件にあわせた散布方法を模索していく必要がある。

●芝の緑度保持と病気対策に玄米黒酢を生かす

——大成建設（株）と石山味噌醤油（株）との共同研究——

大成建設（株）の技術センターでは、建造物関係の技術開発などのほかに建物周辺の環境に関する技術開発を手がけている。その中で公園・スポーツ施設やゴルフ場の芝に関する研究をしている部署があり、そこへ稲作における玄米黒酢の効果を紹介した。芝は、イネ科の多年草なのでイネ同様の効果が期待できた。そこで以下のような実験を行なった。

（1）きれいなグリーンを年間通して保つ

千葉県船橋市茜浜にあった同社技術センター（現在は横浜市戸塚に移転）で、試験圃場に育成中の三種類のベントグラス（品種：サウスショア、クレンショウ、L–93）に玄米黒酢を散布して、その効果を検証することにした。

実験は冬から春にかけて行なわれ、幸いにして、ちょうど寒い時期の芝の緑度保持に対する効果を検証できた。降雪量の少ない関東地区では冬場もゴルフ場がオープンしているが、冬場の芝の緑度を保つことが課題であった。また、春先に暖かくなってくると病気が出はじめるので、その点も検討することができた。いっぽう、夏場・梅雨時期の病気に関しては、実験室レベルのプレート実験とした。

春先の芝にでる病気の代表的なものは、ダラースポット病、ブラウンパッチ病、ピシウム病があげられる。また、夏場の梅雨時期の病気としてブラウンパッチ病、いもち病、サマーディクラインなどがある。実験では、ダラースポット病とブラウンパッチ病に焦点をしぼった。

試験圃場への玄米黒酢の散布は、希釈倍率を一〇倍、一〇〇倍、五〇〇倍、一〇〇〇倍、二〇〇〇倍とし、それぞれ月に一回、平方メートルあたり一リットルの割合で散布した。

この実験において、玄米黒酢はベントグラスに対して以下の効果を備えていることが確認された。

(2) 冬の緑度維持と春の緑化

一〇〇～五〇〇倍に希釈した玄米黒酢液を月に一回、平方メートルあたり一リットルの割合で散布することによって、冬期の緑度が維持される。

図4-11ではL-93において、対照区と一〇〇倍希釈液散布区の緑度の違いが明らかだ。また、図4-12で緑度スコアのグラフをみても対照区との差が確認できる。週ごとの緑度の測定結果でも一〇〇倍希釈液、五〇〇倍希釈液を散布した試験区では、一月～二月上旬と三月～四月上旬にかけてス

図4－11　芝（品種：L-93）に対する黒酢散布10日後における葉色の違い――対照区（左）と100倍希釈液散布区（右）

図4－12　芝に対する黒酢散布10日後における各試験区の緑度スコア

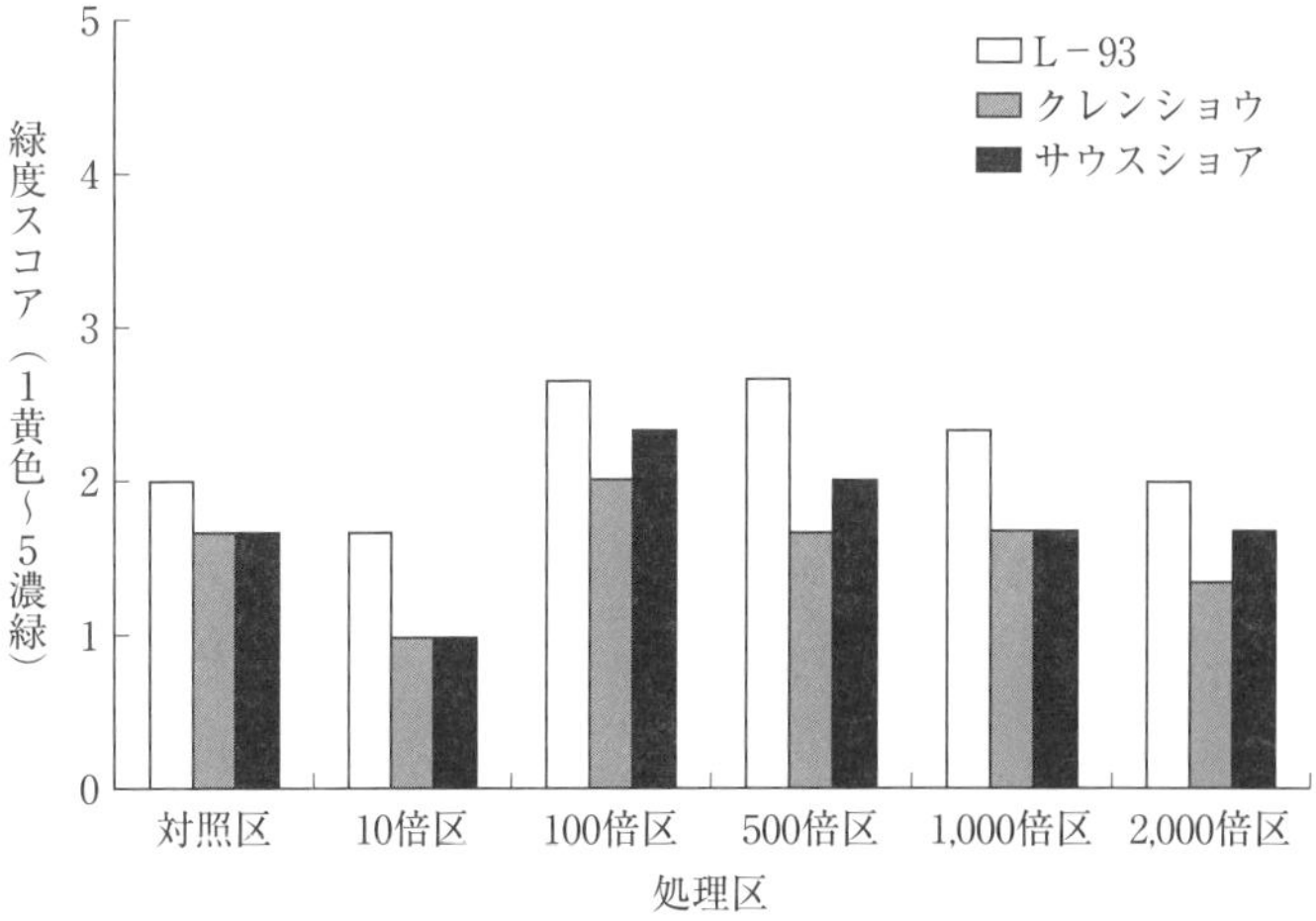

コアが他の区に比べて〇・五～一点程度高く、これによって、玄米黒酢は冬期の芝草の緑度維持と春の緑化に対して有効であることが確認された。

(3) ダラースポット病やブラウンパッチ病の予防と抑制

春の萌芽がはじまるころに、五〇～一〇〇倍に希釈した玄米黒酢を月に一回、平方メートルあたり一リットルの割合で葉面散布することによってダラースポット病の発生を防ぐことができる。ダラースポット病とは、スクレロテリア菌によって引き起こされるもので、芝生の表面に一ドルコインくらいのスポットができる病気である。図4―13にみるように、サウスショアにおいて、一〇倍希釈液散布区にはほとんどダラースポットが発生していないのに対して、一〇〇倍希釈液散布区にはいくつか確認される。このことは、一〇〇倍よりも濃い濃度で玄米黒酢を散布することによって、本病気の病原菌の生育を阻害する効果があると考えられる。

また、病害の発生度を評価する健全度スコアの推移を確認すると、五月以降の一〇倍希釈液散布区において三～三・五に維持されていたのに対して、他の試験区では低下した。健全度スコアとは、いわゆる病気のかかり具合を点数化することである。スコアリングの指標としては、

五＝全く病気にかかっていない。

四＝下葉が少し黄色くなってきている。
三＝病斑が確認される。
二＝病斑がかなりみられる。
一＝枯れている。

玄米黒酢は、スクレロテリア菌（ダラースポット病）のみならず、リゾクトニア菌（ブラウンパッチ病）など病原菌の菌糸の伸長を抑制する。

図4−14は、上段が左から玄米黒酢五〇倍、一〇〇倍、五〇〇倍、下段が左から一〇〇〇倍、対照区の順となっており、対照区では菌糸が繁茂したのに対して、希釈倍率を濃

図4−13　ダラースポット病の発生状況の比較（品種：サウスショア）

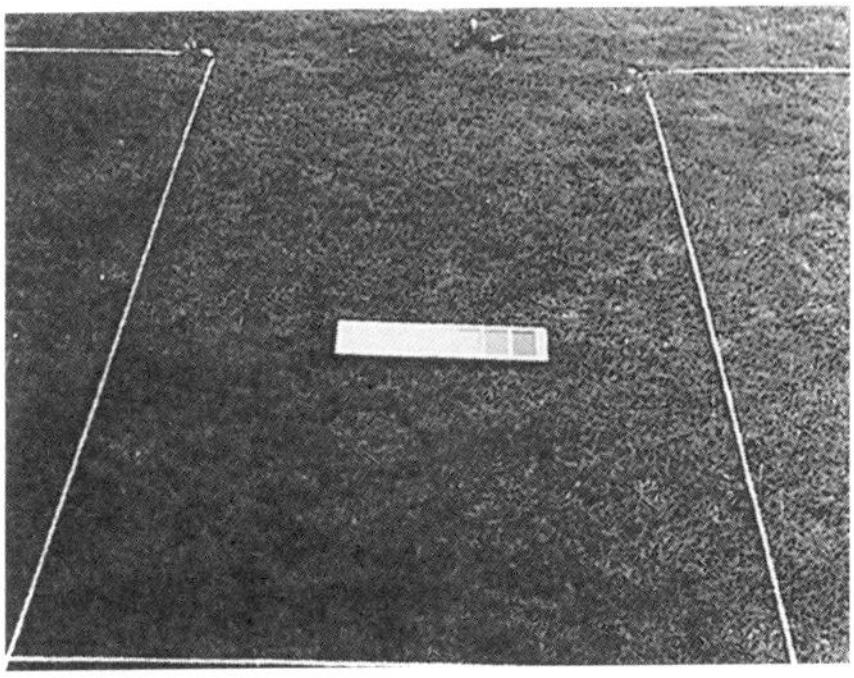

10倍希釈液散布区

100倍希釈液散布区

くすればするほど菌糸の伸長を抑制することがわかる。これから、実際の圃場でもブラウンパッチ病の抑制に有効であることが推察される。

図4－14　玄米黒酢を含む培地上におけるリゾクトニア菌の発育状況

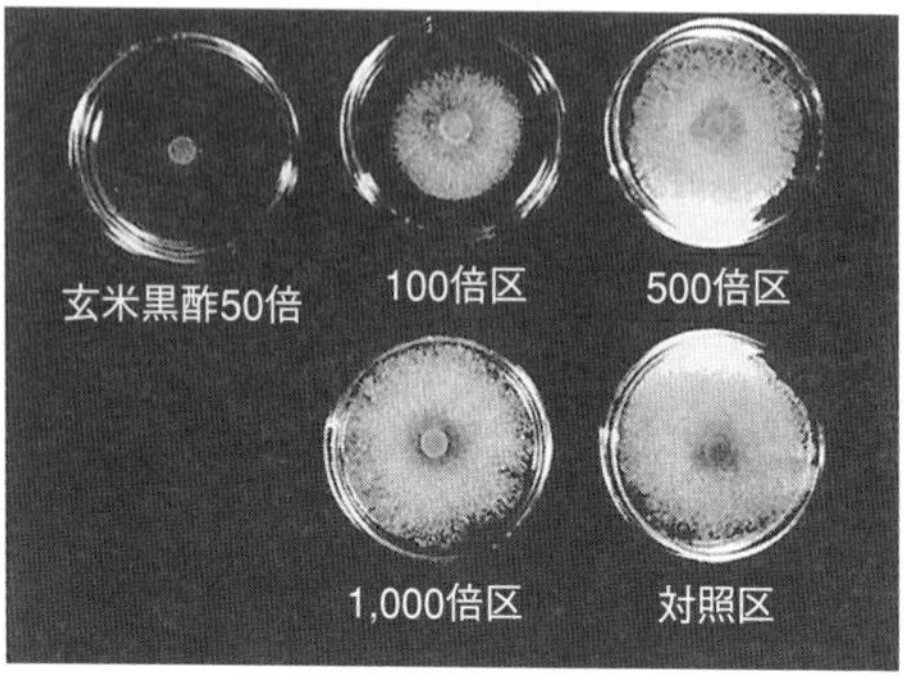

(4)　栄養の補給と生育の促進効果

また、肥料効果確認試験としてペンクロスを使って温室内ポット栽培で確認したところ、五〇〇倍液散布区で総合評価スコアがもっとも高い結果を得た。総合評価スコアとは、緑度、芽数の密度、均一性、健全度を総合的に評価して、良い芝か、悪い芝かを数値化するものである。五＝良い芝～一＝悪い芝の五段階で評価する。圃場試験の結果と同様に五〇〇倍程度に希釈された黒酢液を散布することによって、ペンクロスの生育が良くなることが確認された。

その他、期待できる効果として、根系の活性が低下する夏期に、遊離アミノ酸が豊富な玄米黒酢の散布によって芝の生育に必要な成分を効率良く葉面から与えることができることが考えられる。

以上のことから、次のような利用法が推奨できる。

「冬から春にかけては、一〇〇～五〇〇倍程度の玄米黒酢希釈液を散布して、栄養効果を発揮させ、緑化を促す。そして病気が多発する夏にかけては、五〇～一〇〇倍程度の玄米黒酢高濃度希釈液を散布して、病原菌の蔓延を防ぐ。」

(5)　地球と体にやさしい芝つくりを

このように玄米黒酢の栄養効果、静菌効果を利用することによって、化学合成農薬や化学肥料の使用量を軽減し、地球にやさしい環境を考えたゴルフ場管理や、体にやさしい天然芝のスポーツ施設管理に役立てられる可能性がでてきた。玄米黒酢はあくまでも食品であるので、農薬ほどの即効性の効き目は期待できないことは確かである。上記の利用法を基本としながらも黒酢散布の回数、濃度を土地条件や芝の健康状態とのバランスを考えながら有効な利用法を見出し、活用することが環境配慮型芝生育成法につながると考えられる。

（注）本実験で得られた知見は、「芝草の栽培方法」として、大成建設（株）と石山味噌醤油（株）の共同で特許出願した。

著者略歴

池田　武（いけだ　たけし）

1942年生まれ。東北大学大学院作物学教室終了後、同大学の助手となる。その後、新潟大学助教授を経て、現在教授。この間にケンタッキー大学に在学研究員として出張する。主に、イネとダイズを使って試験を行なっている。数冊の著書がある。

吉田　陽介（よしだ　ようすけ）

1979年生まれ。新潟大学大学院修士課程修了後、現在新潟県東頸城農業改良普及センターに勤務。池田武教授のもと、4年生からイネを用いて玄米黒酢の試験を行なってきた。

養田　武郎（ようだ　たけお）

1968年生まれ。平成3年3月に新潟大学農学部農学科作物学研究室を卒業し、同年4月より石山味噌醤油株式会社に勤務。開発室に勤務し、現在係長。平成8年より黒酢農法に着手し、現在に至る。

問い合わせならびに玄米黒酢の入手先

石山味噌醤油株式会社

〒951-8067　新潟県新潟市本町通7番町1146

TEL　025-228-2034　FAX　025-228-6440

ホームページ　http://www.ishiyama-miso.co.jp

◆民間農法シリーズ◆

玄米黒酢農法

酢酸とアミノ酸で食味・収量アップ

2004年9月30日　第1刷発行

著　者　池田　　武
吉田　陽介
養田　武郎

発行所　社団法人　農山漁村文化協会
郵便番号　107-8668　東京都港区赤坂7丁目6－1
電　話　03(3585)1141(営業)　03(3585)1145(編集)
FAX　03(3589)1387　振替 00120-3-144478
URL　http://www.ruralnet.or.jp/

ISBN 4-540-04208-4　DTP制作／ふきの編集事務所
＜検印廃止＞　印刷／(株)光陽メディア

製本／笠原製本(株)
Printed in Japan　定価はカバーに表示
乱丁・落丁本はお取り替えいたします。